地球简史

［美］乔治·伽莫夫　著

黄彦红　译

当代世界出版社

THE CONTEMPORARY WORLD PRESS

图书在版编目（CIP）数据

地球简史 / (美) 乔治·伽莫夫著；黄彦红译 . -- 北京 : 当代世界出版社 , 2024.3
(伽莫夫科普经典译丛 . 2)
ISBN 978-7-5090-1711-1

Ⅰ . ①地… Ⅱ . ①乔… ②黄… Ⅲ . ①地球演化 – 青少年读物 Ⅳ . ① P311-49

中国国家版本馆 CIP 数据核字 (2023) 第 012543 号

书　　名：地球简史
作　　者：乔治·伽莫夫
监　　制：吕　辉
责任编辑：李俊萍
出版发行：当代世界出版社有限公司
地　　址：北京市东城区地安门东大街 70-9 号
邮　　编：100009
邮　　箱：ddsjchubanshe@163.com
编务电话：(010) 83908377
发行电话：(010) 83908410 转 806
传　　真：(010) 83908410 转 812
经　　销：新华书店
印　　刷：玖龙 (天津) 印刷有限公司
开　　本：880 毫米 × 1230 毫米　1/32
印　　张：8.125
字　　数：192 千字
版　　次：2024 年 3 月第 1 版
印　　次：2024 年 3 月第 1 次
书　　号：ISBN 978-7-5090-1711-1
定　　价：92.00 元 (全 2 册)

在上一本书《太阳简史》中，笔者力图勾勒出一幅关于恒星世界和恒星家族的画面。恒星世界广阔无垠，家族成员颇多，就连太阳也不过是其中一个不起眼的小天体，地球则更像是一个微不足道的小斑点、一个小小的"观察平台"，供人们对无穷无尽的宇宙进行奇妙的探索。

若是拿起假想之镜，聚焦于这个承载着我们命运的小小蓝色星球，我们就会发现，太阳"永恒之火"的余烬仍在我们的脚下燃烧，似乎在讲述着很久以前地球诞生时的故事。地球的诞生，源自其太阳母亲与一颗过路恒星短暂而激烈的碰撞。在我们熟悉的大陆轮廓上，有一道深深的疤痕，这道疤痕总是让地球忆起它的独女——"美丽的月球"的诞生。我们将追踪地球演化的各个阶段——从婴幼儿期的熔融状态，到青春期的火山剧变和山脉形成，再到遥远未来的最终热死亡，也将看到"生命"的起源和发展。地球这颗小小的星球，正是因为存在了"生命"这一最奇特的现象，才会比最巨大的恒星还要精彩万分。

在论及生命的历史时，笔者触及了一个完全陌生的科学领域。唯一的缘由是，在学生时代，笔者碰巧读了柯南·道尔的《失落的世界》一书，被查伦杰教授在史前怪物之地不寻常的冒险经历深深打动，于是花了一年多的时间研究古生物学。而后，笔者就学会了通过小脚趾的形状来区分恐龙和猫。

乔治·伽莫夫

1941 年 1 月于乔治·华盛顿大学

自 1941 年《地球简史》首次出版以来，人们关于行星系统起源的看法已经发生了许多变化。第二次世界大战期间，在欧亚两洲的战场上，敌对双方的军队互相厮杀，空中轰炸摧毁了世界上许多大城市。此时，德国年轻的物理学家 C.F. 魏茨泽克发表了《行星系统的起源》[1]一文，这篇文章极其重要。

因为此文化解了几百年来布丰"碰撞理论"的支持者和康德－拉普拉斯行星起源"环理论"的支持者之间的宿怨。目前，似乎有充分的证据表明，在没有任何星际恒星入侵的情况下，太阳独自生成了它的行星系统。在本书第二章末尾处，"拉普拉斯终究是对的"[2]这一节中，对现代物理学这一重要的"思想的改变"进行了描述。除了这一点，以及上一版中的一些表述错误和

---

[1] 载于《天体物理学》杂志，1944年第22卷。
[2] 这一节选自笔者所著《从一到无穷大》。

印刷错误之外，本版基本上没有变动。

乔治·伽莫夫

1947 年 12 月 25 日于乔治·华盛顿大学

目录

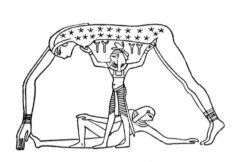

第一章

地球的年龄

地球诞生日

地球诞生于哪一年？我准备以此问题开始第一章，这也是各类简史最传统的开篇方式。但在回答该问题之前，我们可能要思考一下：地球是否一直存在并且亘古未变。

"世界的永恒性"这个话题似乎并没有引起人们的注意，从最开始，人们就创造性地想象地球是亘古未变的。从本质上来说，几乎所有古老的宗教，都大量探讨了创世的问题，可以说，正是这些宗教最先试图唤醒智者并明确他们在尘世中的地位。最为典型的有古埃及的休神分天立地说（见图1），以及大家所熟知的耶和华六日创世说。尽管它们都具有浓厚的神话色彩，但都是早期关于宇宙起源的系统学说。此类学说都有一个基本特征，即整个宇宙，尤其是

图1　古埃及的创世说。风之神休，是太阳神阿蒙·拉之子。休将他的妹妹天空之神努特与兄弟大地之神凯布分开。阿蒙·拉诞生于一朵荷花之中，这朵荷花生长在原初之水上。

我们的地球，都是从最遥远的无序或者混乱中发展而来的。

天文数据清晰显示，我们所见到的众多恒星（包括太阳）并非一直存在的，很有可能形成于数十亿年前充斥全宇宙的原始热气体中。[①]

鉴于本书主要关注我们赖以生存的地球，因此，我们不妨首先聚焦于地球的年龄问题。也就是说，地表是何时拥有诸如我们所熟识的海洋、陆地、山脉等特征的？作为独立天体，地球又存在了多久？

海洋的年龄

地表近 3/4 的面积被海洋覆盖。那么，这些海洋是何时出现的呢？为了找寻答案，我们能做的是在冲浪时含一口海水，然后思考一会儿，当然，思考远比含着水的过程重要得多。众所周知，海水是咸的；但很少有人知道，海水中的盐分是在过去相当漫长的地质时期内，由河流含有盐分的水带来的。[②]雨水流经山间的小溪、峡谷和河流，慢慢地磨损、侵蚀着哪怕是最坚硬的岩石，并将侵蚀物质带入海洋；其中的不溶性物质，悬浮在水中随

---

① 作者在《太阳简史》一书中已经讨论过关于"创世"及宇宙恒星的进化问题。

② 地质数据清晰显示：海水最初几乎都是甜的。

水流动，使水流看上去浑浊不堪，到达海洋后在海底沉积，使得海洋沉积层越来越高。沉积物中的盐分不断分解，稳定地增加着海水中盐的含量。

在太阳光的作用下，大量的水分从海洋表面蒸发，又以雨或雪的形式降落到地球上，周而复始地进行着它们的破坏工作；但是海洋中的盐分却永久地保留了下来。当前海水的盐度仅为饱和盐度的 1/10，这一事实有力地证明：盐的积累是需要一段时间的。如果我们将现有海洋中溶解的盐的总量除以河流每年溶解的盐的总量，就能计算出海洋的年龄。而海洋中溶解的盐的总量可以很轻易地用海水的总体积（15 亿立方千米）和测量的盐浓度（3%）推算出来。这个结果将是个超级大的数字。如果我们把这些盐全部堆在一起，就能形成一个体积约为 2 000 万立方千米的固体，重量达 40 000 万亿吨！另一方面，据地质学家估计，每年有 4 亿吨盐由水流带入海洋。假如这种冲刷——地质学家称之为"侵蚀"——总是以目前的速度进行，我们就能确定：海洋已经存在了大约 1 亿年。

然而，现在的侵蚀速度很可能大大快于过去地质时代的平均速度。正如本书后文中所提，地表的现有特征——包括无数高耸的山脉和高原——并不都是地球的典型历史平均样貌。地球的缓慢收缩会诱发一系列灾难性事件，形成山脉，现有的地表特征只是在山脉形成之后的短时间内存在的。[1]而在漫长的地质期，先

---

[1] 参照第六章。

前形成的地表山脉几乎完全被水流冲刷破坏，那时，新的山脉还没有形成，大片的土地被浅海所覆盖，地表比现在更为平坦，风景却不如现在美丽。受到侵蚀的土地并不多，水流以相当慢的速度将盐带入海洋。此外，一些被带入海洋的盐分可能已经被随后上升的海底陆地带走了。如果是这样，那么一些河流中的盐分只是回到了海洋中，在计算总量时必须扣除。

根据以上推断，这些变化使海洋的年龄增加了10倍，甚至15倍。我们必须承认，地球表面的巨大水体大约有10亿年，更可能是有15亿年的历史了。不过，15亿年绝对是上限。[①] 因为如果海洋存在的时间更长的话，它们现在就和死海或大盐湖一样咸了。

在此之前，地球上所有的水都只以水蒸气的形式存在，这意味着地表炽热。在地表温度低于水的沸点之后，地球降落了前所未有的骤雨，填满了所有的洼地，从而形成了我们今天看到的广阔的海洋。

岩石的年龄

众所周知，地球的固体外壳是由岩石构成的。那么，我们是否有办法估算出这些岩石的年龄呢？的确存在一种很好的方法。

―――――――――

① 目前，科学界普遍认为海水的历史约为45亿年。

虽然乍一看，岩石并没有显示其年龄变化的特征；但事实上，许多岩石都含有一种"天然时钟"。在经验丰富的地质学家眼中，这些"天然时钟"就显示了岩石从以前的熔融状态到现在的凝固状态所需的确切时间。正是这种地质时钟——通常隐藏于地表或地底的各种岩石中，以微量放射性元素铀和钍为代表——泄露了岩石的年龄。

在天然元素的原子中，铀和钍最重，具有不稳定性特征，缓慢分解并放射它们的组成成分。这些以极高速度从放射性元素的不稳定原子中喷出的碎片，称之为 α 粒子，实际上就是普通氦原子核。逐渐失去这些成分之后，放射性元素又经历了中间阶段，最终成为普通元素铅的原子。

尽管铀原子和钍原子放射性衰变的速度非常慢，却可以通过既定时间内特定数量的物质发射的 α 粒子数来精确测量。这种计数的实现离不开现代实验物理学中极为灵敏的仪器——盖革计数器——的使用。它可以记录每一个 α 粒子，即每一个独立原子的转换。通过计算，我们发现，每克铀年产铅量 1.32×10^{-10} 克，每克钍年产铅量为 3.6×10^{-11} 克。因此，我们很容易计算出，特定数量的铀和钍分别耗时 45 亿年、16 亿年才能缩小至其一半大小，缩小至其 1/4 大小需要两倍时间，缩小至其 1/8 大小需要 3 倍时间，依次类推。放射性衰变率随时间发生显著变化，不受压力、温度以及环境中化学物质的影响，因此放射性物质是世界上最可靠的时间测量器。[1]

要确定含有铀或钍的岩石的年龄，我们只需要测量该岩石中由于放射性衰变产生的铅的量就可以了。然而，只要形成岩石的物质还处于熔融状态，其分解的产物就一定会通过扩散和对流离开起源地。一旦岩石凝固，放射性元素的衰变就会开始，铅元素也会随之出现并逐渐累积。因此，岩石沉积度可以提供一些关于岩石凝固时间的准确信息。

将这种方法应用于取自不同地点、不同深度的岩石，现代地质学就可以详细了解地壳不同位置的岩石的凝固时间。调查结果显示：任何岩石的存在都不超过 20 亿年。由此，我们断定，固体地壳是由不超过 20 亿年的熔融物质形成的。[2]

可以想象一下，最初地球是一个完全熔融的球体，周围是厚厚的空气、水蒸气以及其他易挥发的物质。而在地球演化过程中，这种熔融状态可能只是相对短暂的一个阶段，由于辐射将热量传递到周围空间中，引起了熔浆自身的迅速冷却，熔浆表面形成固体外壳，这个过程只需要 1 万年至 2 万年。

如果我们看到一份嗞嗞作响的牛排，自然会认为它是刚从炉子上端来的。同样，我们认为，现有的构成地球的物质，是从某

———————

[1] 事实上，德国物理学家卡尔·冯·魏茨泽克（Carl Von Weizsacker）已经计算出，只有在经受几十亿摄氏度的高温和几十亿个大气压的压力下，这些重元素的转化速度才会受到影响。

[2] 据最新发现，最古老的岩石是加拿大的阿卡斯塔河地区遗址的片麻岩，年龄为 40.3 亿岁。现在科学界普遍认为，固体地壳是 40 多亿年前的熔融物质构成的。

种永久储存着大量高热物质的物质库中分离出来的，该物质一旦与物质库分离就会立即冷却。这个储存热物质的物质库就是我们的太阳，这一点毋庸置疑。地球和其他行星自出生以来，就像一群忠实的孩子一样围绕太阳母亲旋转。篇幅所限，我们不会在此详细论述是何种物质致使太阳本身如此炽热。我们将只关注这些物质在其内部形成的亚原子能量的特定来源。

这与前文所述的放射性现象密切相关，因为这些放射性现象为它们提供了数十亿年的光能和热能。[1] 然而，这并不适用于与太阳主体分离的较小质量的物质。因为它们一旦与太阳能源失去联系，就会迅速冷却，进而影响其表面的固体结壳过程。只有处于这些"太阳液滴"中心的物质蕴含的原始太阳热量，才会持续存在较长时间。这些"内部居民"通过火山的偶尔爆发，向岩石表面的"居民们"显示自身的存在。如此，好学的读者们现在可以回答第一页的问题了，地球诞生于 20 多亿年前[2]，并且还应加上一句：地球的母亲是太阳。

---

① 详细内容可参考作者的另外一本书《太阳简史》。

② 现代地质学和地球物理学都认为地球的年龄大约是45.4亿年（4.54×10^9 年 $\pm 1\%$）。本书后面凡涉及地球年龄之处在不影响阅读的情况下已改成现行说法，个别涉及上下文阅读之处仍保留原著说法。

第二章

幸运事件

太阳与其配偶之遇

既然我们已经知晓地球的诞生之日和它母亲之名，那么，问题来了：地球的父亲是谁，这一切又是如何发生的？

首次尝试回答这个问题的，是 18 世纪法国著名博物学家乔治·路易斯·勒克莱尔·布丰伯爵（Georges-Louis Leclerc, Comte de Buffon）。他的《自然史》一书共 44 卷，自问世以来，便是自然科学领域最耀眼的百科全书。在《自然史》的某一卷中，布丰描述了行星系统的形成过程。

他指出，行星诞生于太阳和其他外来天体——他称之为"彗星"——的激烈碰撞之中。对地球的"父"体，布丰用了"彗星"这个词，这明显是一种误用。这是因为在那个时期，人们对于彗星的属性了解有限，而并不是因为他在思考究竟是哪种天体引起了这种碰撞效应。而今，我们知道，尽管彗星看上去外表华丽，体积庞大；但事实上，其物质含量极少。

亨利·诺里斯·罗素教授（Henry Norris Russell）简单地将彗星称为"虚无缥缈的东西"（见书后插图 2A）。彗星头部看起来很笨重，很可能是由一群松散的小流星组成的，它们的质量不及地球质量的几十万分之一；彗星美丽的尾巴则是由一种极其稀薄的气体组成的，密度不及大气密度的百万分之一。而这种彗星和太阳的碰撞只会带来一场别致的流星雨。

　　图2是根据布丰《自然史》中的一段文字描述绘制而成的，从中我们可以看到，布丰的原意是指太阳和另外一颗与其体积相当的恒星的碰撞。

　　正是父、母这两大巨型恒星天体的碰撞，抛出不同大小的恒星物质；而且（如果不是恒星头部发生碰撞的话）整个系统都处在高速旋转当中。某些碎片会在星际空间永久消失，而另外一些碎片则在中心天体万有引力的作用下，以独立行星的形式围绕太阳公转。

　　这也就是为什么在我们的行星系统中，几乎所有的行星都与太阳的自转具有共面性和同向性的特征。

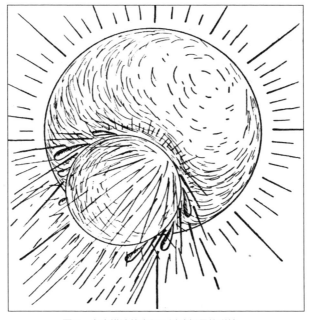

图2　布丰描述的太阳和过路恒星的碰撞

没有"父亲",行星会诞生吗?

虽然本书稍后会提到,布丰的天体演化观已经极度接近事实真相;但是法国著名数学家皮埃尔·西蒙·拉普拉斯侯爵(Pierre Simon, Marquis de Laplace,)却在其著作《宇宙系统论》中对此观点进行了猛烈抨击。《宇宙系统论》这本书问世于布丰去世 8 年之后,也就是 1796 年。拉普拉斯对布丰观点的批评主要强调了这样一个事实,即在太阳和另外一颗恒星的碰撞中,从太阳表面喷射出来的物质,必定按细长的椭圆轨道绕太阳公转,而我们所知道的行星几乎都沿着圆形轨道运行。

不同于布丰的"双亲假说",拉普拉斯提出如下理论,[①] 即太阳"自身"创造了行星系统,然后将它的一部分气体物质远远抛到行星目前的运行轨道。拉普拉斯在他的《宇宙系统论》一书中写道:"这次爆炸可能与 1572 年仙后座某一著名恒星的爆发过程相似,那次爆发持续了几个月。"翻译成现代语言就是,自远古时期,在太阳成为一颗新星或者超新星之后,行星系统就形成了。[②] 整个行星系统的自转很有可能是太阳与另一颗恒星相撞

---

① 引自伊曼努尔·康德(Immanuel Kant)。
② 巨大的恒星爆炸,使恒星原本的亮度急速增加 100 万倍,对于超新星来说甚至增加了 10 亿倍。这种现象被称为新星和超新星现象。

引起的——由于拉普拉斯的理论不包括这一点，所以他不得不假设，太阳从一开始出现时就在自转，并且这种自转还被传递到因爆炸而形成的大范围的大气中。在爆炸的原动力耗尽之后，太阳这个巨大的球状星云必定会因为散热冷却而出现稳定的收缩。众所周知，任何旋转中的物体的收缩都会引起其角速度的增加。此类现象在马戏表演中可以看到，一个杂技演员懒洋洋地套在绳子的一端旋转，当她把先前张开的双臂交叉在胸前时，我们就会看到一个闪闪发光的旋涡（见图3）。

这个著名的假说显示了力学的一个基本定律：旋转动量守恒定律（即角动量守恒定律）。旋转动量是旋转物体的质量、线速度以及它到旋转轴的距离3个物理量的乘积。以旋转的杂技演员为例，其手臂的旋转动量是它们的质量、长度和旋转速度的乘

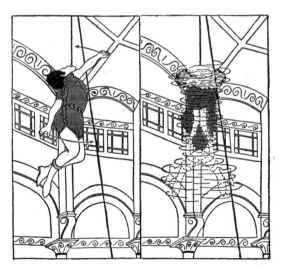

图3 动作缓慢的杂技演员把胳膊压在身体两侧时就可以快速旋转（绘图素材来自德加）

积。当手臂靠近身体时，它们与旋转轴的距离缩短，为了保持恒定的旋转动量，它们的速度一定会增加。而由于手臂是整个身体的一部分，不能脱离身体单独移动，因此就会带动整个身体更加快速地旋转。①

根据拉普拉斯的理论，太阳收缩时的情况也是如此。既然太阳在自转时，不会像杂技演员的身体那样僵硬，人们就可能会认为离心力可以将太阳物质的环从被拉长的太阳赤道中分离开来。在经典实验中，通过一种特殊的机械装置，可以使悬浮在其他液体中的一大团油状物快速旋转，由此便能观察到这种环的形成。

拉普拉斯错误地认为，随着时间的推移，构成这些环的物质会形成沿圆形轨道运行的独立气态球体，进而形成我们所熟悉的行星系统。他的这一假说被称为"星云假说"。②因为拉普拉斯在数学界的权威地位，他的这一关于行星起源的学说，在之后的100多年里都颇受推崇。同时，布丰的"碰撞假说"几乎完全被遗忘了。

然而，拉普拉斯在提出星云假说时，仅在小范围内对自己的观点进行了纯定性的讨论，并没有采用严格的数学分析法进

① 因此，身材非常瘦小而胳膊又特别粗壮的杂技演员，可以迅速提高旋转速度。同时，手提重物也会提高他们的旋转速度。
② "星云假说"这个名称是基于拉普拉斯的行星起源理论和所谓"螺旋星云"观测形状之间的错误类比得出的。实际上，与我们的银河系相类似，这些星云是巨大恒星的聚集体。但在拉普拉斯时代，人们并不知道这些，人们认为这些星云的形成过程与行星系统类似。

行分析。100 多年来，有几位天文学家和物理学家对此进行了分析，他们发现，星云假说有几个无法克服的难题。首先，在此假说中，厚厚的气态环是已知行星的重要成因，然而并没有证据表明，旋转的太阳稳定收缩，可以产生相对较少的稀薄气态环。事实上，人们应该能想到，在黄道面①上几乎连续不断地形成了数量众多的稀薄的气态环。退一步说，即使承认独立的气态环已经达到了所需的数量，但这些气态环是如何凝聚成一个球体的？这一点仍有待考证。

其次，英国著名物理学家詹姆斯·克拉克·麦克斯韦（James Clerk Maxwell）在对土星环的研究中，分析了围绕土星运转的气态环或液态环的稳定性。他于 1859 年公开发表的研究结果显示，这些环实际上是不稳定的，不会聚合形成单个行星，而是分裂成众多体积较小的天体，均匀分布在圆形轨道上。同理，根据麦克斯韦的计算，形成木星的气态环会分裂成大约 50 个天体，独立分布在木星目前的轨道上，并且不会出现合并的趋势。上述两点可以总结为：原本分布在太阳周围的大量气体，很难聚集形成少数几个独立的冷凝中心。

行星和太阳之间的旋转分布是什么样子的？拉普拉斯的理论似乎根本无法解释这一点。根据已知的行星运动和太阳自转的天文数据，我们可以计算出，这些行星的总转动动量大约是太阳本身的 49 倍。如前文所述，所有行星的总质量仅约为太阳质量的

---

① 黄道面是行星（更确切地说是地球）绕太阳公转的轨道平面。

1/700。因此，我们几乎无法理解，由于离心力作用而与太阳分离产生的气态环，如何能够在太阳系总旋转动量中占有如此重的分量。

潮汐理论

拉普拉斯理论彻底宣告失败，科学家们又开始重新关注布丰的"双亲假说"。20 世纪初，研究此领域的英格兰的詹姆斯·H. 金斯爵士（Sir James H. Jeans）、芝加哥的托马斯·J. 钱柏林（Thomas J. Chamberlain）以及芝加哥的福里斯特·R. 莫尔顿（Forrest R. Moulton），几乎同时提出了更详尽的理论。

在接受"行星的诞生源自星际空间的某种异物"的通用理论后，这些新版本的布丰理论抛弃了物质直接碰撞的观念，用另一种观念取而代之，即侵入的恒星在离太阳相当于太阳直径几倍的距离时，会在太阳表面引发巨大的潮汐，从而形成行星。之所以采信潮汐作用而不是"直接碰撞"，其主要原因在于，两颗恒星距离比较近时，相较直接碰撞而言，擦肩而过显然更有可能，[①]因此也更有可能形成我们的行星系统。

在海边待过一段时间的人，应该都熟悉潮汐现象。它是指在月球引力和太阳引力的作用下，海面出现的周期性涨落现象（因为和太阳相比，月球离地球更近，所以月球引发的潮汐现象更

---

① 两颗恒星发生碰撞的概率与两颗恒星中心之间距离的平方成比例。

为显著）。潮汐现象产生的最主要原因，是干扰天体对当前天体（地球）的不同部分产生的吸引力大小不同。

由于引力随物体之间距离平方的增大而减小（万有引力定律），所以，位于球体一侧、面对干扰天体的物质 c 比位于球体中心的物质 b 受到的引力更大。同理，位于球体中心的物质 b 又比位于球体另一侧的物质 a 受到的引力更大。假设天体可以变形，潮汐力的作用会将天体朝有吸引力或吸引力较大的方向拉升，使之变成一个椭圆体（见图 4）。对地球而言，潮汐力对地表液体产生的影响最大，会在两个截然相反的方向产生潮汐波。本书稍后还会提到，地壳也会出现小幅度的变形。

如果干扰天体与被扰天体之间的距离像地球和月球之间那样远，那么干扰力就会呈现对称性特征，其在被干扰天体上引起的两种潮汐波的高度也是大致接近的。然而，一旦这个距离缩短，居于前端的潮汐波就会突然高涨，其波峰物质就会完全散开，冲向干扰天体。对海洋潮汐而言，如果月球突然靠近，处在潮汐波

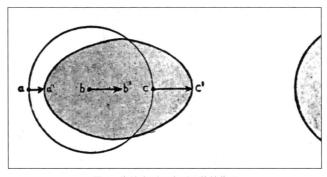

图 4　潮汐力对可变形天体的作用

顶端的水就会脱离海洋，冲向月球！依据潮汐假说，当入侵的恒星距离太阳表面太近时，就会撕下一些太阳物质，这便是日后形成行星的物质。

我们感谢金斯爵士，他对这种现象进行了深入研究，并证明了它的性质主要取决于干扰天体内部物质的分布。如果干扰天体内部物质分布大体均匀，那么入侵天体引起的潮汐波就会凸起，然后被撕掉，进而形成一个或者几个巨型水滴。但是，我们知道太阳是由高度压缩的气体构成的，内部的密度比外部更大，中心的密度相当于太阳平均密度的50倍。当恒星闯入时，太阳表面潮汐波的前端会形成一个圆锥形的点，太阳物质——先是气体丝的形式，随后会分解成若干单独的液滴——将从这里流向闯入的恒星（见图5）。从图5中我们还能看到，由潮汐波分解形成的行星，在父母天体相对运动的作用下，围绕太阳公转。

迄今为止，我们还没有讨论任何关于入侵天体的体积大小，以及它受撞击之后变化的问题。由于入侵天体很可能是一颗恒星，它的特征与太阳大致相同，所以在它靠近太阳时，在它的表

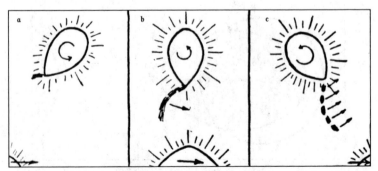

图5　太阳发射出的一条气体丝，随后，这条气体丝会闯入独立行星中（潮汐理论）。

面也一定会有潮汐波产生。但当两颗恒星分开时，潮汐波的波峰很可能还没来得及脱离母体就再次回落了。事实上，干扰效应取决于两颗恒星各自的质量，质量较小的那颗恒星，潮汐波会先爆发。① 既然我们知道是太阳在这次碰撞中解体了，那我们就无法否认"行星系统之父"要比太阳大的事实。此外，入侵的恒星不太可能会带走它的任何一个"孩子"，因为这两颗恒星在相遇时相对速度太快，不可能允许这种"天体绑架事件"发生。

因此，我们不得不认为：太阳母亲留下了她所有的孩子（也许要排除少数几个因为速度过快而被抛出系统的孩子），而父亲却没有留下这次重大邂逅的纪念品。②

如我们所见，就像细小的水流从水龙头流出时，会分裂成一个个水滴一样，气体长丝从太阳分离出来时，会分裂成若干个气态球体，这就形成了独立的行星。这些气态球体脱离维持太阳运行所需的亚原子能源，暴露在冰冷的太空中，不可能长时间保持

---

① 如果这两颗恒星的质量完全相等，两颗恒星上的潮汐波就会同时爆发，但人们认为这种情况几乎不可能发生。

② 众所周知，太阳自转时，与行星运动平面相同、方向相同。因此，我们认为，这种自转同样是原始邂逅的结果。可能是当闯入的恒星经过时，与太阳表面的巨大潮汐波所产生的摩擦力所致，也可能是稍后不久太阳抛射出去部分物质后，在恒星的引力作用下开始自转。英国地球物理学家哈罗德·杰弗里斯（Harold Jeffreys）在详细研究这个问题后得出结论：上述两个原因都不可能让太阳以那么快的速度自转。因此，他提出，实际的碰撞发生的距离要比以前潮汐理论中假设的要近得多，而且经过的恒星确实擦过太阳表面，将部分太阳物质撕成碎片。如果杰弗里斯的结论是正确的，我们将回到布丰假说的原始形式。

原来的炽热气体球形态，于是它们会快速冷却，这就必然导致它们稳定收缩，最终快速液化。这一阶段也可能出现化学物质的分离，这就像是在鼓风炉中冶炼铁一样，重金属下沉到中心区域，而较轻的硅酸盐化合物则聚集在表面。它们在最终冷却之后，形成地球和其他行星现如今的块状外壳。

行星轨道怎么变圆了？

我们认为，布丰的相遇理论正确解释了行星系统的起源问题。但我们也无法忽视拉普拉斯最初对布丰观点提出的反对意见，即恒星入侵会引起太阳表面的物质喷射，那这些物质又为什么会以近乎圆形的轨道运动呢？毫无疑问，在这样一种碰撞（直接碰撞或潮汐力）中喷射出的物质，会沿着极其细长的椭圆轨道运动，并且每转一圈就回到它的起源地附近。

因此，如果行星系统的起源就是这种碰撞的结果，那么这些轨道最终一定会变成圆形。很显然，对于椭圆轨道的圆化，唯一可能的解释是，在行星形成之初，其运动空间内充满了阻力介质——它们是由一层稀薄气体组成的包层，均匀地分布在太阳周围。在行星系统演化的早期阶段，这一气体包层很有可能存在。因为从太阳分离出来的气体长丝当中的部分物质，肯定会逃脱而

后冷凝，最终大致均匀地分布在太阳周围。[①] 显然，这种稀薄的
气体包层和行星一样会围绕太阳公转。因为行星和气体粒子会沿
着平行的路径运动，所以，若行星的原始轨道是圆形的，这种
气体就几乎不会影响它们的运动。但是由于原始轨道的高度椭圆
性，行星大部分时间都是随气流运动。这种情况就类似于开车时
驾驶员不断地转换车道（见图 6）。在这种太阳大气层内部的运动

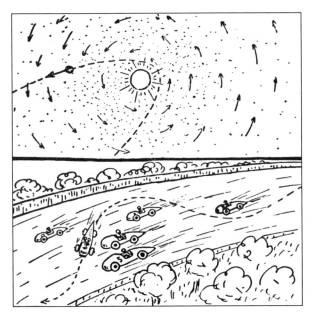

图 6　行星和汽车一样应保证同一运动方向的原因

---

① 在钱柏林和莫尔顿最初的理论中，他们假设这个包层不是由气体组成的，而是
　由小粒子或者说星子组成的，这些星子后来形成独立的行星。星子理论曾经得到
　许多地质学家的大力支持，后来被杰弗里斯推翻了。杰弗里斯证明，即使这样的
　小颗粒从一开始就可能存在，但两颗恒星相互碰撞产生的高温会让这些小粒子快
　速汽化，最终变成连续的气体。

中，行星肯定会与大量的气体粒子发生碰撞，由此产生的摩擦最终迫使行星找到阻力最小的路径——圆形轨道（见图7）。

最初，气体包层使行星的轨道从椭圆形变为圆形，但之后，它一定会逐渐消失，一部分落回了太阳，另外的部分则穿过遥远的外层边界扩散到星际空间。然而，这种原始的气体包层的痕迹直到今天仍然存在，这在黄道光（见书后插图2B）中就能找到。在日落后或黎明前的无月之夜，人们可以观察到一束微弱的光沿着黄道向上伸展，这就是黄道光[①]。这条发光带在整个地平线延

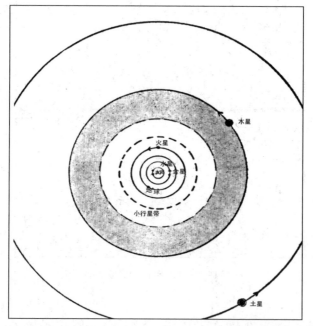

图7 行星系统，显示了各行星与太阳的相对距离，从里往外依次为水星（Mercury）、金星（Venus）、地球（Earth）、火星（Mars）、小行星带（Asteroid）、木星（Jupiter）及土星（Saturn）。因篇幅所限，未列入天王星、海王星。

① 黄道光照亮了约60%的夜空（无月之夜）。

伸，形成一个完整的光环，且在反日点附近还会形成一块更亮的区域（被称为对日照）[1]。对黄道光光谱的分析表明，黄道光来自非常小的粒子群（很可能是单独的气体分子），不仅反射太阳光，还有可能比地球在黄道面上的轨道延伸得更远。据估计，产生黄道光的物质的密度很小，如果所有这些扩散在近3.2亿千米范围内的气体都被压缩到大气压下，将会形成一层不足1厘米厚的气体层。

当然，由于目前这种气体的密度较小，所以它无法影响行星的运动。但杰弗里斯已经证明，10亿或20亿年前，它的密度至少要是现在的好几千倍，才能使它完成使命。完成使命之后，这些物质中的大多数就会散去，我们在无月之夜所看到的微弱光亮，只不过是其对过去辉煌的些许追忆罢了。

太阳的孙辈

众所周知，从太阳家族第一代开始繁衍、成长起，它的几乎所有行星（最小的水星、金星等行星除外）都有一颗或多颗卫星。这些卫星以类似的方式——除少数卫星外，其他都以与绕太

---

[1] 对日照是反日点附近一个非常暗淡的弥漫状亮斑，大致呈卵形，范围约20°×10°，长径几乎达到月球角直径的40倍左右，亮度极大的位置在反日点稍偏西几度的地方。

阳公转的行星相同的方式——围绕行星公转。而除了月球（本书将单独讨论）之外，所有卫星的质量与其质点（行星）相比，都非常小（前者是后者的 1/16000000 到 1/4000），就像行星本身的质量与太阳相比非常小一样（质量最大的木星与太阳的质量比为1:1 000）。

这些事实有力地证明：行星的卫星的诞生（月球除外）与行星诞生于其太阳母体的过程相似。因此，我们并不需要多费力气，就能找到通过潮汐作用在行星上产生的第二代天体。事实上，几乎毫无疑问，太阳本身（改变了它的角色）在它的孙辈的诞生中又扮演了父亲的角色。我们知道，这些行星在幼年时期是气态的，它们沿着极其细长的轨道运行，每次公转都非常接近太阳。

在行星自身的形成过程中，太阳这个巨大的天体在它的子天体上引起了强烈的潮汐运动，从而使这些子天体的表面分离出一种气态细丝。但是，这种热气体细丝是如何凝聚成独立卫星的？在解释这个过程时，我们碰到了一些难题。似乎，这些极小的气体颗粒并不会因为相互吸引而聚集，并凝结成单独的固体；相反，它们会迅速分散到周围的空间中。

但是，杰弗里斯指出，曾经环绕整个行星系统的行星间气体包层的存在，可能阻止了这些气体颗粒的分散。这些气体包层将从行星上分离的气体颗粒长时间聚集在一起，帮助它们实现最后的凝结。就像气体包层使行星运转轨道圆化一样，它也让那些卫星的运行轨道圆化了。

虽然基本可以肯定，大多数卫星的起源过程都如上所述，但是，总会有一些惊人的例外。首先是我们的月球，它的质量是地球的 1/81，很明显，这么大的"孩子"是不可能从稀薄的气态丝中产生的。在本书第三章我们将会了解到，月球实际上是在行星进化的较晚阶段，在极其不寻常的情况下诞生的。它的形成可能源自小行星碰撞，我们在下一章再详细讨论月球的形成。

浏览一下太阳系统的家族相册（见图8），我们会发现有些不一样的地方：某些卫星会沿着"错误"的方向公转，即与所有行星和大多数卫星的公转方向相反。这就不可避免地引发了人们对其诞生方式的质疑。有些行星，特别是像木星或土星这样的大行星，有可能捕获并奴役了恰巧从它们身边经过的小行星，甚至可能从另一个较小的行星上直接绑架了一颗卫星。当然，这些被收养的孩子不一定会和"亲生"的孩子走同样的路，否则就没有办法把它们区分开了。说到这两种孩子之间的联系，我们就不得不提到由 R.A. 利特尔顿（R.A.Lyttleton）提出的一个有趣假设——他认为，近来发现的最外层行星冥王星，其实是一颗走丢的卫星。[①]

根据利特尔顿的假设，海王星曾经拥有两颗卫星，这两颗卫星都沿正常方向公转；但不幸的是，它们的轨道位置是如此之高，以至于都被强大的引力相互作用永久地干扰了。在一场特别

---

① 2006年8月24日，在布拉格举行的第26届国际天文学联会通过的第5号决议中，冥王星被划为矮行星，除名于太阳系八大行星之外。

激烈的"为道路权而战"的斗争中，其中一颗卫星被抛出海王星
系统，成为一颗独立的行星；而反冲的力量使剩下的卫星——特
里同——自那时起朝着相反的方向公转。

在太阳系的历史上，肯定还有类似的"强行驱逐"和"绑
架"事件，只不过所有这些事件的记录都已丢失。

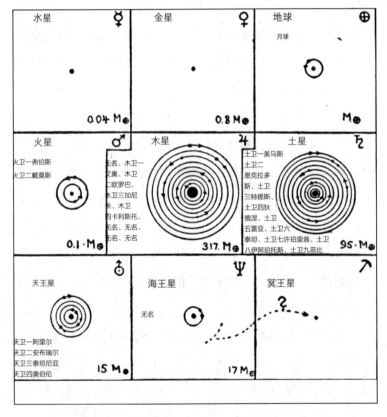

图8　行星家族。在相应行星的名目中，按照与行星由近及远的顺序，列出了其
卫星的名称，这些卫星的运动方向如箭头所示（轨道半径未在图上标出）。就天王星
而言，它和它的四颗卫星在一个几乎垂直其公转轨道的平面上自转。各行星与地球
的质量比见图右下角所示。

行星碎片和土星环

将各行星与太阳的平均距离进行比较，可以发现火星和木星之间的空白地带相对而言极为显著，这无疑表明其中缺失了一颗完整的行星。[①]

然而，天文观测表明，该地带内并非"完全空无一物"，而是被大量较小的天体占据。这些天体被称为小行星，它们在火星和木星之间的宽阔地带沿着圆形轨道运行。第一颗小行星名为谷神星（Ceres），是天文学家朱塞普·皮亚奇（Giuseppe Piazzi）

[①] 行星和太阳的平均距离可以用著名的"波得定律"（Bode's Law）来表示，该定律于1722年被提出。具体构成如下：

写上一系列的数字4，在第二个4上加3，第三个4上加3×2，即6；第四个4上加6×2，即12；第五个4上加12×2，即24，以此类推。结果如下所示：

水星	金星	地球	火星	（空白）	木星	土星	天王星	海王星
4	4	4	4	4	4	4	4	4
0	3	6	12	24	48	96	192	384
4	7	10	16	28	52	100	196	388

如果将地球与太阳之间的距离看作10，那么这些行星与太阳之间的距离为：

3.9	7.2	10	15.2	—	52	95	192	301

这个定律给出了除海王星以外，其他行星与太阳真实距离的近似值。但我们看到，第五列是空的，也许能用小行星带来填充，小行星带与太阳的距离为26.5，正好符合这个空白。我们并不是要解释波得定律，这纯粹只是个巧合。

在 1801 年的元旦之夜发现的。迄今为止，人们已经观测到了大约 2 000 颗小行星；但那些体积最小的小行星极有可能避开了观测。虽然大多数小行星都在火星和木星之间的小行星带内运行，但不排除有些小行星会脱离这个区域。例如，在距离太阳最近的时候，小行星厄洛斯（Eros）就会穿过火星的轨道，在距离地球仅 2 226 万千米的地方出现。再者，最遥远的小行星希尔达尔戈（Hildalgo）的运行轨迹也超出了木星轨道，到达了木星轨道外的一个点。

较大的小行星，如谷神星、帕拉斯星、朱诺星和灶神星，直径达几百千米；而可见的最小的小行星则如"断裂的山脉"，直径不超过 16 千米。尽管这些小行星的数量相对较多，但所有已知小行星的质量之和要远远小于地球的质量。即使包含这个家族中较小的以及尚未被发现的成员在内，小行星带内所有小行星的总质量也仅仅相当于地球质量的 1%。

现在的问题是：为什么在一个本该由一颗行星占据的区域，天文学家只发现了大量小碎片？最可信的答案是：沿着这一轨道运行的行星分裂成了许多碎片，之后，这些碎片继续在同一空间区域内运行。这一假设得到了观测结果的有力支持。观测结果表明，大多数小行星都以群体的方式运行，就好像它们是同时从同地出发的一样。而支持这一小行星分裂理论的最有力证据，则来自对它们化学成分的分析。如果已知的数千颗小行星均是同一颗破碎行星的碎片，那么由行星表面碎片形成的小行星，与由行星内部碎片形成的小行星，必定有着截然不同的结构。因为在行星的形成过程中，较重的物质如铁，很可能会下沉到中心区域；而较轻的物质如硅酸盐，则会汇聚到表面。[①] 因此，我们应该能想到，这些碎片会显示它们构造上的不同，进而揭示其具体来源。

然而，除非宇宙飞船能够实现星际旅行，否则我们无法分析构成小行星的岩石的化学成分。但幸运的是，某些与它们可能有相同起源的岩石经常会以陨石的形式，直接落入我们的手中，或者更确切地说，落入地球表面。

相对较小的天体从行星星际空间高速射出，在其快速穿过地球大气层时，因与空气摩擦而发光，这就是我们看到的流星雨。这些来自太空的"小游客"，有一半会在空气中燃烧殆尽，落到地球上后变成一层薄薄的尘埃；但它们当中稍大一点的会直接落到地面，在被人们发现后，便成为我们自然历史博物馆里的永久展品。到目前为止，科学家们已经收集了大约 1 000 种不同流星的标本，其中最大的重达 36.5 吨，是由海军上将罗伯特·E. 皮里（Admiral Robert E. Peary）从格陵兰的梅尔维尔湾（Melville Bay）带回来的。

数百年前[②]，一颗陨星坠落在亚利桑那州沙漠的东北部，形成了一个显眼的陨击坑——巴林格陨击坑，这个陨击坑目前是该地区最吸引人的旅游景点之一。这个著名的巴林格陨击坑直径约

---

① 我们将在第五章中看到，在我们的地球上，重物质和轻物质的区别是十分明显的，地核主要由铁和其他重金属组成。

② 根据坑内斜坡上生长的树木的树龄推测，该陨击坑至少形成于700年前。

1 200 米，其圆形坑壁最高处高出周围平原 45 米，最低处则陡然降至地面下 180 米。在坑底钻孔中发现的碎屑表明，岩石在受到可怕的撞击后，深入地下百米以上。尽管人们没有在陨击坑底部找到巨大的陨石，但在半径 8 000 米的范围内发现了数千颗小陨石。这表明在撞击地球的过程中，原本的陨石被撞击成了大量碎片。在那久远的年代里，一定有许多更大的陨石坠落到地表；但它们要么落入海洋，要么因时间太久远，陨击坑已被水和空气破坏殆尽。

我们很自然地认为，这些从天而降的石头与它们体格较大的兄弟姐妹——小行星——起源相同，都是由较大天体碎裂后形成的微小碎片。我们在实验室里很容易对陨石进行研究，从而获得行星分裂假设的直接证据。首先，不同陨石的化学成分在很大程度上是不同的。有些与地球表面的岩石非常相似（"石陨石"），而另一些则含有大量的铁和其他重金属（"铁陨石"）。这无疑证明，我们正在研究的这些陨石碎片来自一个更大天体的不同位置。此外，石陨石还显示出快速结晶的迹象，而铁陨石的结晶似乎非常缓慢，这与行星内部的缓慢冷却过程一致。

有趣的是，我们在一些铁陨石中发现了小钻石。我们知道，只有在极高的压力下，碳才会结晶形成钻石。这无疑证明，铁陨石的凝固是在某个大型行星体的内部发生的。

因此，尽管我们不知道这场（撞击）灾难的确切原因，但我们必须接受这一事实。因为它确实证明了最早的行星之一——火星的外层邻居——在遥远的地方被击成碎片，形成了大量小行星，以及大量极小的碎片，散落在灾难发生地的周围。这就是火星和木星之间的小行星带。

这个分裂过程的另外一个证据来自著名的土星环。人们对土星环奇特的结构进行了研究，结果表明，它由大量小天体组成，这些小天体绕土星做圆周运动。组成土星环的粒子是土星的一颗旧卫星的碎片，这颗卫星由于太靠近土星表面而被潮汐力撕成了碎片，这一点是公认的。虽然目前土星环的现象是独一无二的，但很明显，对其他任何行星而言，只要它的卫星与它过于接近，就能获得类似的光环。尤其是我们的月球，它的情况更是如此。我们将在本书的最后一章看到，在遥远的未来，月球一定会靠近地球，并最终被地球的引力撕成碎片。

我们的行星系统是独一无二的吗？

虽然太阳是地球和其他行星的诞生地，但在由上千亿颗恒星组成的巨大星系——银河系中，它只是一个微不足道的成员。那么，其他恒星是否也有行星系统呢？我们的行星系统是宇宙中独一无二的吗？人们无法通过直接观测来回答该问题，因为即使是距离我们最近的恒星，也有数万亿千米之遥，距离我们同样远的那些微小的、不发光的行星体，绝对不在目前最先进的天文望远镜所能观测到的范围之内。虽然我们不能直接回答该问题，但如果能计算出银河系的恒星自形成以来本该发生的碰撞次数，是否就能判断出其他行星系统的存在呢？

恒星运行的平均速度约为 10 千米 / 秒。在过去几十亿年的时间里，数十亿颗恒星在太空中毫无规律地运行，不同成员之间的碰撞一定是非常频繁的（参照第 3 页）。但是，稍一计算，我们就会发现，这种频繁碰撞几乎不可能发生。尽管恒星数量众多，并且共同存在了很久，但是它们之间发生碰撞的概率极低，甚至彼此间运行距离很近的情况都甚少发生。因此，在恒星世界，"道路交通"是十分安全的。这主要得益于恒星系统的"高度分散性"特征。

要知道，恒星系统空间的直径是恒星直径的数千万倍。如果我们将这个比例缩小，将每颗恒星按比例缩成沙粒（直径 1 毫米）那么大，那么在恒星世界，每 4 立方千米的范围内只会出现 1 粒"沙"，而整个"沙星"系统的直径将达到几十万千米。如果我们按同样比例降低"沙星"的运行速度，那么每 1 粒"沙"在 1 年内的活动距离只有大约 10 毫米。即使两颗相邻的恒星直接相向移动，也需要大约 5 万年才能相撞；又因为恒星的运动是没有规律的，所以碰撞的可能性会大大降低。由于每颗恒星所在空间是其活动区域的 100 万亿倍，所以一颗恒星要想撞击另一颗恒星，至少需要穿越 100 万亿个这样大小的空间。而这个过程需要 50 亿年！所以，任意两颗恒星发生碰撞的概率都非常非常小。因此，在构成我们银河系的上千亿颗恒星中，只有不到 20 颗可能经历过实际的碰撞或近距离通过，其中很可能只有大约 10 颗形成了类似于太阳系的行星系统。[①]

　　当然，读者也明白，上面的计算和所依赖的数据只是近似数，因此，对于 10 千米／秒这个数字，我们也不能完全信赖。很明显，从前文的讨论中可以看出，导致我们太阳系形成的碰撞虽不是什么奇迹，但在天空中的数十亿颗恒星中，却只有极少数可能经历过这样的碰撞。从本质上来说，上文得出的结论都依赖于这样一个前提，即恒星之间的平均距离亘古未变。而近来，却有越来越多的人相信，恒星一旦从原始气体中形成，彼此之间就更加接近；紧接着，随着"空间的扩张"，它们之间的相对距离又一直在增加。如果这些观点是正确的——很有可能是正确的——那么人们关于行星系统的稀缺性的结论就会被颠覆。因为很久以前，当恒星近距离聚集在一起时，它们发生碰撞的可能性肯定要大得多。

　　相反，如果天文学家能用一些巧妙的方法，证明其他恒星也有自己的行星系统，这将是"宇宙扩张"理论的一个极好的证明。

---

① 如前文所述，只有两颗恒星碰撞，才有可能形成行星系统。

拉普拉斯终究是对的！ ①

对于我们这些生活在七大洲上的人来说，"坚实的地面"实际上代表着稳定和永久。据我们所知，地球表面所有我们熟悉的特征，包括大陆和海洋、山脉和河流，自远古时代就可能存在了。的确，历史地质资料表明，地表正在逐渐发生变化，大陆的大部分地区可能会被海水淹没，而曾经被海水淹没的地区则可能再次浮出水面。

我们也知道，古老的山脉正在逐渐被雨水侵蚀，新的山脊在板块活动中不时出现；但这些变化仍然只是地球坚硬地壳的变化。

事实上，当我们的地球还是一个由熔融岩石组成的发光球体时，这样坚硬的地壳根本不存在。对地球内部构造的研究表明，地球的大部分身躯仍处于熔融状态，而我们所谈论的"坚实的地面"，实际上只是漂浮在熔融岩浆表面的一层较薄的物质。这一点并不难理解，因为我们知道，每深入地下1 000米，温度就会增加大约30℃。因此，在世界上最深的矿井——南非罗宾逊深谷的金矿里——由于井壁太热，必须安装空调，以防矿工被活活烤死。

---

① 该部分源自笔者的另一本书《从一到无穷大》。

按照这样的增长速度，只需要在地表以下 50 千米处，占地球半径不足 1% 的地方，温度就能达到岩石的熔点（1 200℃ ~1 800℃）。地球更深处占地球物质构成 97% 以上的物质都处于熔融状态。

很明显，这样的情况不可能永远保持不变。地球的冷却过程是非常缓慢的，早在地球还完全处于熔融状态时就开始了，而且会在遥远的将来随着地球的完全凝固而结束。我们注意到，目前正处于这个冷却过程中的某个阶段。同时，我们估算了一下固体地壳的冷却速度，发现这个冷却过程开始于几十亿年前。

通过估算构成地壳的岩石的年龄，我们也可以得出同样的数字。虽然乍一看，岩石没有任何随时间而变化的特征，因此产生了"顽固如石头"这一说法；但实际上，许多岩石含有一种天然时钟。在经验丰富的地质学家看来，这种天然时钟就显示了这些岩石从以前的熔融状态，到现在的凝固状态所耗费的时间。

在从地表和地球内部不同深度采集的各种岩石中，我们发现了微量元素铀和钍。可以说，它们就是泄露岩石年龄的地质时钟。这些元素的原子在缓慢地自发放射性衰变后，逐渐形成稳定的元素——铅。

要确定含有此放射性元素的岩石的年龄，我们只需要测量其几百年来因放射性衰变而累积的铅含量就可以了。

只要岩石的构成物质处于熔融状态，铀和钍放射性衰变的产物就可以通过熔融物质的扩散和对流，离开它们的"出生地"。一旦这些熔融物质凝固成岩石，铅就会随着放射性元素的衰变而积累起来，它们的数量可以告诉我们岩石的确切年龄，就像通过调查空啤酒罐的数量，敌方间谍就可以知道我方海军陆战队驻扎了多久一样。

对铅含量的调查结果显示：任何岩石都只有几十亿岁，由此，我们可以断定，固体地壳是由40多亿年前的熔融物质构成的。

因此，我们可以想象一下当时的地球是什么样的：一个完全熔融的球体，周围是厚厚的空气、水蒸气以及其他易挥发物质。

这团炽热的宇宙物质是如何形成的？是什么力量促进了它的形成？又是谁为它的形成提供了物质基础？这些谜题已困扰了天文学家数百年。它们与我们地球的起源以及太阳系其他所有行星的起源有关，一直是科学的宇宙进化论（宇宙起源论）的基本研究课题。

法国著名的博物学家乔治·路易斯·勒克莱尔·布丰伯爵，于1749年在他的《自然史》一书中，首次科学地回答了这些问题。布丰认为，行星系统起源于太阳与星际空间——康德-拉普拉斯星云假说认为星际空间是由原始气体构成的——内彗星的碰撞。布丰用丰富的想象力描绘出了一个生动的"彗星美人"形象，它的长尾闪闪发亮，抚过当时尚且孤独的太阳，从太阳巨大的身躯上撕下一些细小的"水滴状物质"。在冲击力的作用下，这些"水滴状物质"被抛到了太空中（见图9a）。

几十年后，德国著名哲学家伊曼努尔·康德（Immanuel Kant）对我们的行星系统的起源问题提出了完全不同的看法。康德更倾向于认为，太阳是在没有任何其他天体干预的情况下自行

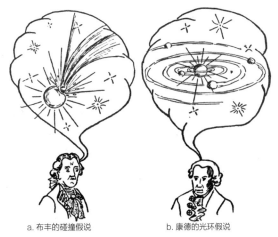

a.布丰的碰撞假说　　　　　b.康德的光环假说

图9　天文学中的两派学说

构成了它的行星系。他认为，最初太阳是由一团炽热的气体构成的，并绕其轴缓慢自转。当时，现在的整个行星系统充斥着相对冰凉的气体团，所以太阳不停向周围空间散热，使自身温度稳定降低，体积逐渐收缩，从而引起自身自转加速。随着离心力的增加，构成太阳的原始气团逐渐变扁；而一旦离心力大于气团的吸引力，其沿赤道的气体物质便会分离出来，形成一系列旋转的气态环（见图9b）。我们可以通过普拉托（Plateau）的经典实验，看到物质因为旋转而形成环状结构的过程：在此实验中，一大滴油（不像太阳那样是气态的）悬浮在其他密度相等的液体中，借助一些辅助机械装置使之快速旋转；当这滴油的旋转速度超过一定的限度时，它的周围就会慢慢形成油环。后来，这种气态环破碎了，凝聚成各种行星，在离太阳远近不同的地方绕太阳公转。

　　后来，法国著名数学家皮埃尔·西蒙·拉普拉斯侯爵采纳并发展了康德的理论。他在 1796 年出版的《宇宙系统论》一书中，向公众展示了自己的研究成果。虽然拉普拉斯是一位伟大的数学家，但他并没有采用数学的方法对自己的理论进行分析，而仅仅以比较通俗的方式对这一理论进行了定性讨论。

60 年后，当英国物理学家克拉克·麦克斯韦首次尝试用数学方法进行分析时，发现康德和拉普拉斯的宇宙学观点遇到了一堵明显无法逾越的矛盾之墙。事实上，太阳系的行星系统中堆满了各种太阳物质，这些物质聚集在一起。如果这些太阳物质均匀分布的话，就不可能形成独立的行星。因此，因太阳收缩而抛出的气态环将永远保持类似土星环的样子。这样的土星环由无数小粒子组成，它们绕着土星做圆周运动，没有"凝结"成一颗固体卫星的趋势。

要想摆脱这一困境，就只能假设太阳的原始气体包层包含的物质，比我们现在在行星上发现的物质要多得多（至少是 100 倍），而且大部分物质都落在太阳上，只剩下大约 1% 的物质形成了行星体。

然而，这样的假设又会造成另一个矛盾，即那些气体包层物质的初始运行速度肯定都与行星相同，如果它们都落到太阳上，那么它们引起的角速度将会是现有角速度的 5 000 倍。在这种情况下，太阳会以平均每小时 7 圈的速度自转，而不是现在的需要约 4 周才能自转一圈。

上述讨论似乎宣判了康德 - 拉普拉斯观点的死亡。于是，天文学家们将目光投向别处，在美国科学家 T.C. 钱柏林、F.R. 莫尔顿，以及英国著名科学家詹姆斯·金斯爵士的努力下，布丰的碰撞理论重新焕发了生机。当然，自从布丰的观点形成以来，人们已经掌握了一些基本知识，这些知识使布丰的观点变得相当现代化。例如，布丰认为与太阳相撞的天体是一颗彗星，这种想法已经过时了。因为那时人们已经知道，彗星的质量即便与月球相比，也是微不足道的；而与太阳发生碰撞的恒星与太阳有着大致相当的体积和质量。

然而，"再生"的碰撞理论，即便在当时被当成是解决康德-拉普拉斯假说基本矛盾的唯一出路，也同样被发现其自身根基不稳。最让人难以理解的是，受到另一颗恒星的猛烈撞击而抛出的太阳碎片，为何会沿着所有恒星运转的圆形轨道而不是细长的椭圆形轨道运行呢？

为了回答这个问题，我们有必要假设，在路过的恒星撞击太阳后——行星形成之时——太阳四周正被一层旋转的气体均匀地包裹着，这层气体将原本椭圆形的轨道变成了圆形的。由于目前的行星区域内并不存在这样的气体介质层，所以人们假定这种介质后来逐渐消散到星际空间了。而目前从太阳的椭圆轨道面延伸出来，被称为黄道光的微弱光束，便是过去的光辉岁月仅存的证据。这种假设，虽然试图融合康德-拉普拉斯假说中太阳的原始气体包层理论与布丰的碰撞假说，但其结果却是令人失望的。常言道，两害相权取其轻，于是，人们选择接受行星系统起源的碰撞假说。之后，该假说被广泛用于科学论文、教科书和通俗文学作品中（包括笔者的书《太阳简史》）。

　　直到 1943 年秋天，年轻的德国物理学家 C.F. 魏茨泽克才解开了行星理论的难题。借助新兴的天体物理学研究收集到的新数据，他轻易驳斥了所有反对康德 - 拉普拉斯假说的理由。而且，沿着他的这些思路，人们可以建立一个关于行星起源的详细理论，来解释在旧的理论中行星系统并未被探讨过的许多重要特征。

　　魏茨泽克的主要观点的形成，离不开当时一个重要的事实，即在过去的几十年里，天体物理学家已经完全改变了他们对宇宙物质的化学成分的看法。此前，人们普遍认为，构成太阳和其他恒星的化学元素与地球相似。对构成地球元素的化学分析显示：地球的主体主要是由氧（以各种氧化物的形式存在）、硅、铁，以及少量其他重金属构成的。像较轻的氢和氦这样的气体（以及其他稀有气体，如氖、氩等），在地球上存在的数量其实是非常少的。①

　　由于证据不足，天文学家只能假设，这些气体在太阳及其他恒星的内部也非常罕见。然而，丹麦天体物理学家 B. 斯特朗格曼（B.Stromgren）在对恒星结构进行更详细的理论研究后指出，该假设完全错误，而且构成太阳的物质中至少有 35% 是纯氢。后来，这一预估数值上升到 50%。人们还发现，构成太阳的化学物质中还有很大一部分是纯氦。无论是对太阳内部构造的理论研究，还

---

① 在地球上，氢主要与氧结合，一起存在于水中。我们都知道，虽然水覆盖了地球表面的3/4，但是与整个地球的质量相比，水的质量是非常小的。

是对太阳表面更详细的光谱分析，天体物理学家都得出了一个让人震惊的结论：在构成太阳的化学物质中，仅有约1%与构成地球的化学元素相同，其余的部分几乎由氢和氦平分，前者略多。显然，其他恒星的物质构成与太阳差不多。

此外，我们知道，星际空间并非空空如也，而是充满了气体和微尘，平均每百万立方千米的空间中约有1毫克的星际物质。很明显，这种弥散的、稀薄的物质具有与太阳及其他恒星相同的化学成分。

尽管这种星际物质的密度低得令人难以置信，但它的存在却很容易得到证明；因为这种星际物质会选择性吸收来自恒星的光。这些光距离我们非常遥远，需要在太空中穿行数十万光年才能被我们的望远镜观测到。通过这些"星际吸收线"的强度和位置，我们能够准确地估算出这种弥散物质的密度。结果显示，该弥散物质几乎全由氢和氦组成；而且，由各种"陆地"小颗粒物质（直径约0.001毫米）组成的尘埃，只占其总质量的1%。

让我们再次回到魏茨泽克理论的基本观点，可以说，这个关于宇宙物质化学组成的新知识，直接支持了康德-拉普拉斯假说。事实上，如果太阳的原始气体包层最初是由上述物质组成的，那么，这其中只有少部分较重的地球元素可以用来建构地球和其他行星。剩下的部分，以不可凝结的氢和氦等气体为代表，一定是通过某种方式被带走了。最终，它们要么落入太阳，要么被分散到周围的星际空间。如前文所述，如果是第一种可能，就会引起太阳自身的高速自转。因此，我们不得不接受第二种可能，也就是说，"陆地"化合物形成行星后不久，气态的"剩余物质"就进入太空了。

于是，以下关于行星系统形成的画面便出现了。太阳，最初是由星际物质凝结而成的（详见下一节）。在那个时候，星际物质中还有很大一部分——大约是现有行星质量之和100倍的物质，仍然环绕在太阳四周，形成了一个巨大的、自转的气体包层。（最初，太阳是由星际气体冷凝而成的。而就这种星际气体而言，它的不同部位的自转状态是不一样的。这也是在太阳四周出现气体包层的原因。）这个快速自转的包层中应该含有不可凝气体（氢、氦和少量其他气体），以及各种地球物质（如氧化铁、硅化合物、水滴和冰晶）的尘埃颗粒，而且这些尘埃颗粒漂浮在气体内部，随气体一起运动。尘埃颗粒彼此碰撞逐渐聚集，形成越来越大的物质团，这便是行星的雏形。我们可以看到这种碰撞的结果，其碰撞速度与陨石坠落的速度相当（见图10）。

按照逻辑推理，在这样的速度下，质量相等的两个颗粒在相

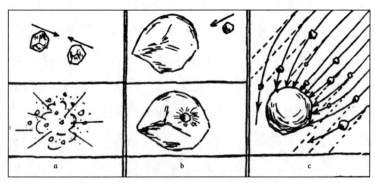

图10　由于尘埃颗粒之间的碰撞而形成的大物质块

互碰撞之后，一定会双双碎裂（见图 10a）。在这种情况下，两个颗粒的体积不但不会增大，反而都会被撞碎。另一方面，当一个小颗粒与一个比它大得多的颗粒碰撞时（见图 10b），似乎很明显，它会进入后者的体内，从而形成一个更大的新物质块。

显然，这两个过程都会导致较小的颗粒逐渐消失，它们会融进较大的颗粒，而后聚积成更大的物质块。在后期，因为万有引力的作用，这一进程会加快，较大的物质块会通过引力捕获从自己附近经过的较小颗粒，不断壮大自己的身躯，这一点从图中也可以看出来（见图 10c）。在此图中，我们看到，较大的物质块，更易捕获小颗粒。

魏茨泽克证明，行星系统（见表 1）如今所在的空间，最初是被那些细小的尘埃颗粒占据着的。这些尘埃颗粒逐渐聚集，经过大约 1 亿年的时间，形成了行星的雏形。

表 1 太阳系各行星、小行星带与太阳之间的平均相对距离

行星	与太阳的平均距离（相对于地球而言）	每颗行星与太阳的距离与前一颗行星与太阳的距离之比
水星	0.387	—
金星	0.723	1.86
地球	1.000	1.38
火星	1.524	1.52
小行星带	约 2.7	1.77
木星	5.203	1.92
土星	9.539	1.83
天王星	19.191	2.001
海王星	30.07	1.56

在围绕太阳运行的过程中，行星只要通过吸收大小不同的宇宙物质来不断扩充自己，就能一直维持自身的高温。然而，一旦星尘、卵石和更大岩石的供应耗尽，物质团自身的增长就会停滞，向星际空间的热辐射必定会让这些新天体的表面快速冷却，从而形成一层固体地壳。随着行星继续冷却，这层固体地壳也会越来越厚。

接下来，我们将要提到一个特殊定律——提丢斯 – 波得定律（Titus–Bode rule）——太阳系中各行星和太阳之间的平均距离遵循的定律。表 1 列出了太阳系八颗行星和小行星带与太阳之间的平均相对距离。而些小行星带的小行星碎片，无法聚集形成一个独立的天体，这明显是个例外。

表中最后一栏数字看上去挺有趣。尽管多少会有些变化，但都距离数字 2 不远；因此，我们大致得出了一个结论，即每个行星轨道的半径大约是相邻行星（离太阳较近的）轨道半径的两倍。

更加有趣的是，类似的规律同样适用于各行星的卫星，例如，下表给出的土星的九颗卫星和土星的相对平均距离就可以证明这一点（见表 2）。

与表 1 中行星展现的规律相比，表 2 中出现了相当大的偏差（尤其是菲比），但有一点不容置疑：卫星与行星之间的距离是有规律可循的。

可在最初环绕太阳的尘埃云中发生的聚集过程，为什么没有

形成一个大行星，而是在距离太阳特定远的地方形成了几个大的

表 2 土星的九颗卫星和土星的相对平均距离

卫星名称	离土星的距离（以土星半径为参照）	两颗相邻卫星的相对距离比
土卫一美马斯	3.11	—
土卫二恩克拉多斯	3.99.	1.28
土卫三特提斯	4.94	1.24
土卫四狄俄涅	6.33	1.28
土卫五雷亚	8.84	1.39
土卫六泰坦	20.48	2.31
土卫七许珀里翁	24.82	1.21
土卫八伊阿珀托斯	59.68	2.40
土卫九菲比	216.8	3.63

物质块（行星）呢？

　　为了回答这个问题，我们需要对原始尘埃云中发生的运动进行更详细地研究。首先，我们得了解，在牛顿引力定律下，每一个绕太阳运动的物质体——无论是微小的尘埃颗粒、小陨石，还是大星球——都必然会以太阳为中心按椭圆轨道运行。如果构成行星的物质是直径为 0.000 1 厘米[①]的单独粒子的话，那么一定有大约 10^{45} 个粒子沿着不同长度、不同大小的椭圆轨道运行。很明显，在如此繁忙的交通中，单个粒子之间肯定发生了无数次碰撞；而正是这些碰撞，使得整个群体的运动变得有一定的秩序

————————

① 这是形成星际物质的尘埃颗粒大小的近似值。

性。事实上，我们应该不难理解，这样的碰撞要么粉碎了"交通违规者"，要么迫使它们"绕道"进入不那么拥挤的"车道"。可这种"秩序性"，至少是"交通秩序性"，遵循的规则究竟是什么呢？

要回答该问题，首先我们要选择一组绕太阳公转周期相同的粒子。这些粒子中有一些沿着相应半径的圆形轨道运动，而另一些则沿不同长度、不同大小的椭圆形轨道运行（见图 11a）。接下来，我们将试着借用坐标系统（X，Y）来描述这些粒子的运动——该坐标系统绕太阳旋转，运动周期与这些粒子相同（见图 11b）。

显然，在这样一个旋转的坐标系统中，沿着圆形轨道（A）运动的粒子在某一点（A'）处，看起来似乎完全静止，而沿着椭圆轨道绕太阳运动的粒子 B 则忽近忽远。B 离太阳较近时，中心角速度较大；B 离太阳较远时，中心角速度较小。因此，它一会儿跑到一直匀速旋转的坐标系统之前，一会儿又落后于它。以该系统为参照，该粒子沿封闭豆状轨道运行，我们将该轨道标识为 B'。还有另一个沿着一个更细长的椭圆运动的粒子 C，在坐标系统（X，Y）中，其运行轨迹为一个类似于 B' 但稍大一些的豆状轨迹，我们将其标识为 C'。如果我们想要避免整个粒子群在运行过程中相互碰撞，那么，在匀速旋转的坐标系统（X，Y）中，这些粒子的豆状轨迹就不能相交。

这些粒子的运转周期相同，与太阳的平均距离保持不变，它们在坐标系统（X，Y）中的运行轨道不相交，看起来就像是一串

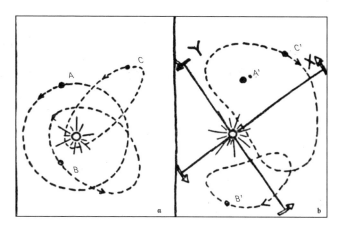

图 11 从静止坐标系 a 和旋转坐标系 b 观察到的圆形和椭圆形运动

"大豆项链"环绕着太阳运行。

　　上述这些分析,对广大读者来说可能有点不太好理解;但它描述了一个相当简单的过程,目的是展示一种粒子群并行不相交的运行模式。在这种模式下,某些独立粒子群绕太阳运行时,与太阳始终保持着相等的平均距离;因此,它们的运转周期相同。而实际上,由于在原始太阳周围的原始尘埃云中,粒子群运行时与太阳的平均距离各不相同,运转周期也是各有千秋,情况肯定会复杂得多。因此,"大豆项链"必定不止一条,应该有很多条,它们以不同的速度绕太阳运行。经过仔细分析,魏茨泽克向我们证明,为了维持这样一个系统的稳定性,每个单独的"项链"必须包含 5 个独立的旋涡系统,这样整个运动画面看上去就会很像图 12。

　　这种安排自然是为了环内的"交通安全",可是当相邻的环碰触时，依旧会引起"交通事故"。在两个环的边界区域，这一个环的粒子和邻近环的粒子之间发生了大量碰撞，这必然导致在与太阳保持特定距离的地方出现物质聚合，从而形成越来越大的物质块。这样的话，每个环内的物质就会越来越少，而在环与环之间边界区域的物质则会逐渐积累增多，最终形成了行星。

上文描述的行星系统的形成过程，简单地解释了行星的轨道半径为什么会遵循特定的规律。只要稍稍用几何学知识计算一下，我们就能发现，在图 12 中，相邻的两个环之间连续边界线的半径形成一个简单的几何级数，每一个环的半径都是前一个的两倍。但这条规律不可能非常精确，我们当然明白其中的缘由。

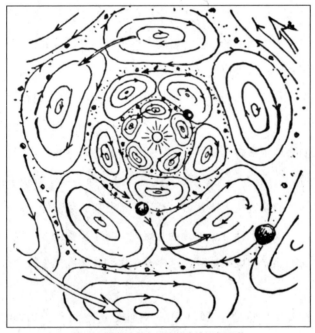

图 12　原始太阳包层中的尘埃运行通道

事实上，这条规律并不是原始尘埃云中的粒子运动的规律，而只是原始尘埃云中的粒子在不规则运动中呈现出来的一种特定的运动趋势。

我们行星系统中不同行星的卫星轨道半径也遵循着同样的规律，这就表明，卫星的形成过程大致与行星的相似。最初围绕着太阳的尘埃云被分解成不同的粒子群，这些粒子群便形成了独立的行星。这个过程不停地重复着，也就是说，大部分物质聚集后，逐渐形成了行星的主体；剩下的物质则继续旋转，逐渐凝结，最终形成若干颗卫星。

我们一直在讨论尘埃粒子的相互碰撞及增长过程，却忘记讨论太阳的气体包层内那些气体成分的下落。要知道，这些气体占据了原始太阳质量的 99% 呢。不过，该问题的答案相对比较简单。

当尘埃粒子相互碰撞，形成越来越大的物质块时，无法参与这一进程的气体就逐渐消散到星际空间中。通过较为简单的计算，我们知道，这些气体消散所需的时间大约是 1 亿年，大约相当于行星的生长期。这也就是说，到行星最终形成时，形成太阳最初包层的主要气体——氢和氦——已经从太阳系中逃逸出去了，只留下些许可忽略的小痕迹，即上文中提到过的黄道光。

魏茨泽克理论中的一个重要结论是：行星系统的形成并不是特例，而是宇宙中几乎所有恒星在形成过程中必然发生的事件。这个结论与碰撞理论形成了鲜明的对比。碰撞理论认为，行星的形成过程在宇宙史上是非常特殊的。事实上，经过计算我们发现，产生行星系统的恒星碰撞是极其罕见的事件，银河系形成数十亿年来，在构成恒星系统的上千亿颗恒星中，只发生了几次这样的碰撞事件。

如果每颗恒星都拥有一个行星系统，那么仅在我们的银河系中就应有数百万颗物理环境与地球几乎相同的行星。但是，如果在这样"宜居"的环境中，生命——尤其是最高形态的生命——都没有出现，那就太奇怪了。

最简单的生命形式，如不同种类的病毒，实际上只是由碳、氢、氧和氮原子组成的较为复杂的分子而已。既然这些元素大量存在于各种新形成的行星表面，我们就有理由相信，在坚硬的地壳形成、"大气中的水蒸气凝聚降雨形成辽阔的水域"之后，必然会出现一些特定的原子，按照特定的顺序，在一个偶然的时间里组合，因而，迟早会出现一些那样的分子。有一点可以肯定，分子活动的复杂性使得它们能意外形成的概率非常小；小到相当于我们在拼图游戏中，只是简单摇动盒子里的碎片，这些碎片就能出人意料地、按正确的方式排列起来的概率。

同时，我们还应知道，大量原子持续相撞，也需要很长时间才能达到特定的结果。而实际情况是，在地壳形成后不久，地球上就出现了生命。这意味着，虽然复杂有机分子不大可能会偶然形成，但是它们的形成可能只需要几亿年的时间。而在地球这颗新开垦的行星表面，一旦出现了最简单的生命形式，随着有机繁殖和进化的逐渐进行，越来越复杂的生命体也就随之出现了。但是，目前我们还不清楚其他宜居行星上生命的进化轨迹是否与地系上的生命形式进行研究。

在不久的将来，我们兴许可以乘坐"核动力宇宙飞船"到火星和金星进行大胆探索。但关于数百光年、数千光年之外的恒星世界中是否存在生命，以及存在何种形式的生命的问题，可能会成为科学史上一个永久的未解之谜。

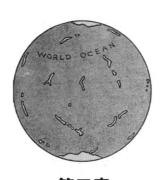

第三章

地球的亲生女儿

月球的"与众不同"

在第二章我们了解到，行星的卫星的诞生，很可能与行星自身的诞生有相似之处。也就是说，当行星还处于气体状态、沿着极其细长的椭圆形轨道运行之时，太阳的潮汐力就从相应的母体行星上抽取稀薄的气态细丝，这些细丝经过冷凝便形成了卫星。这就是与其母体行星相比，卫星的质量要小很多的原因。可我们也说过，在地球所有的卫星中，月球是一个非常特殊的存在，地球的质量仅仅是月球的 81 倍（至少是其他卫星的几十万倍）。月球的质量如此之大，不可能仅仅是由一些稀薄的气态细丝形成的。因此，对于月球这个"夜间女王"，我们需要寻找一种不同的途径来解释她的诞生过程。

英国天文学家乔治·H.达尔文爵士（Sir George H.Darwin）对行星世界的进化兴趣十足，就如同他著名的父亲对动物进化的兴趣一样。达尔文对可能导致月球诞生的特殊环境进行了富有启发性地分析。他认为，月球与其母体——地球——的分离发生在相对较晚的进化阶段，那时地球已经冷却至液态，甚至表面可能已经覆盖着一层薄薄的固体外壳了。

我们知道，只有当受潮汐力作用的天体处于气态，且其中心因物质聚集密度很高时，才会被潮汐力抽出气态细丝。以液体地球为例，因为液体是不可压缩的，所以整个地球的密度几乎相同，^①因此，太阳潮汐力的破坏过程肯定非同寻常。事实上，在这种情况下，受潮汐力影响的天体前端将形成一个大的凸起——而非锥形点——喷射出细丝。这一点在金斯关于旋转液体的平衡数据的研究中，已经得到了证明。

当引力超过一定限度时，这个凸起就会从母体分离，形成一个含有相当数量原始物质的液体卫星（见图13）。这一过程显然正是我们解释月球诞生所需要的；但更为详细的研究显示，月球诞生的实际情况要复杂得多。在地球诞生之初，当地球还是沿细长的椭圆形轨道运行、与太阳的距离也是最近之时，它很有可能还处在气体状态。当液化最终发生时，地球的运行轨道已经接近圆形，潮汐力的作用几乎不可能比现在更强。当前，在太阳引力的作用下，地球液体外壳产生的海洋潮汐的高度仅20厘米左右

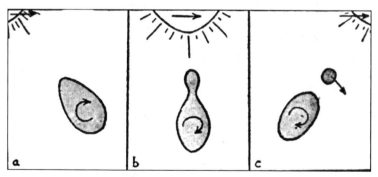

图13 受强潮汐力作用，液体会形成一个大的凸起，随后分为大小不同的两部分。

---

① 在液体状态下，由于形成行星的混合物中较重的成分会下沉，所以在这些混合物的中心，必然会出现密度增大的现象。但也因为其中心的密度不会超过表面的两倍，所以不影响我们的结论。

（大约相当于人们观测到的潮汐高度的 1/4，余下 3/4 都是在月球的作用下产生的）；而要想破坏地球的液体外壳，潮汐的高度需要高达几千千米。问题的关键在于，在地球演化初期，如此巨大的潮汐是如何形成的呢？

共振理论

达尔文对巨大潮汐波起源的解释，离不开一个神奇的词：共振。对于这种共振现象，任何一个推过小孩子荡秋千的人都不陌生。当我们连续推秋千的间隔与秋千自由摆动的周期不一致时，会导致有时会帮助秋千荡起的幅度更大，而有时又会妨碍秋千荡起。但当我们推秋千的时间正好与秋千自由摆动的周期重合时，秋千荡起的幅度就会很大。此时，如果摩擦力很小的话，秋千很快就会荡到最大幅度。

这种共振现象具有一定的危害性。例如，当一队士兵过桥时，其指挥官会发出"右、左、右、左"的指令，而当所有士兵这种"右、左、右、左"的迈脚节奏恰巧与桥梁的振动周期一致时，共振就会发生，桥梁就有可能会因此坍塌。以此类推，在设计船舶蒸汽发动机时，非常有必要确保发动机的振动频率和船体的自由振荡频率不会出现共振现象。为了更好地理解液态地球内的振动现象，我们最好来看看服务员急匆匆端过来的咖啡。对于到餐厅就餐的客人来说，当杯子里咖啡的振动周期正好与服务员急匆匆的步伐周期一致时，最糟糕的事情便发生了——咖啡的周期振动会因为共振效应而增强，这就会导致咖啡溅到杯托上——这种情况我们在很多快餐店看到过。

从咖啡回到液体地球，我们可以断定：如果太阳潮汐力的周期与地球自由振荡的周期相吻合，那么地球表面就可能出现极高的潮汐。经过计算，我们知道，如地球般大小的液态球体，其自由振荡周期约为两个小时。当月球物质成为地球的一部分时，地球的总质量会增加 1.25%，半径会增加 0.4%，而它的自由振荡周期却只会稍稍延长。另一方面，潮汐现象每天发生两次，周期为 12 小时，因此，液态地球是不大可能与其出现共振现象的。达尔文指出，当月球仍是地球不可分割的一部分时，整个地球系统的自转速度肯定要快很多。

利用第二章中讨论的旋转动量守恒定律，要估算出这一速度到底快了多少并不困难。目前，月球绕地球公转的距离约为地球半径的 60 倍，公转周期约为 28 天。在构成月球的物质还隶属于地球时，它们与地球的平均距离应是地球半径的一半左右。经过进一步计算，综合考虑离地心越近密度越大，可得出月球物质与地球的平均距离大约是地球半径的 0.55 倍。根据旋转动量守恒定律，现在月球物质与其自转轴的距离必定是那时的 $60 \div 0.55 \approx 110$ 倍，而当时这些物质绕轴公转的角速度是现在月球公转角速度的 110^2 也就是 12 100 倍，公转周期为 28/12100 天，也就是约 3.5 分钟。这是地球目前自转速度的 400 倍。而且，因为当时月球还未从地球分离出去，所以地球一定是以某种中间速度自转的。这种地球和月球共同参与的自转，其平均速度与月球、地球各自的质量成正比，可以通过以下公式计算：

平均自转速度＝地球自转速度＋1/81（月球自转速度）

＝（1+400/81）（地球当前的自转速度）≈ 6（地球当前的自转速度）

因此，原始的地月连体绕地轴自转的速度是地球当前自转速度的 6 倍，公转周期为 4 小时。它在每个公转周期内，会发生两次潮水上涨，潮汐周期为 2 小时，这与其自由振荡周期一致。

乔治·达尔文爵士发现了这个巧合，并认为这个巧合一定会引起年轻的液体地球的共振，从而导致潮汐波振幅增大。也只有通过这种罕见的"好运"，我们才能够欣赏到月光之夜的美丽！当然，由于共振引起的潮汐振幅的增大肯定会持续一段时间。从共振理论我们可以估算出，潮汐波至少需要上下浮动 200 万次，才会突破振幅极限，最终破裂。那时，潮水每 2 小时就会上涨一次。因此，我们认为，地球用了大约 500 年的时间才"生下"了它的"巨型婴儿"。

现在，我们终于可以还原月球诞生的全过程了，即在某个过路恒星的潮汐作用下，地球与太阳分离了；但出于某种原因，地球无法像别的行星一样俘获一颗卫星做子女，此时其他大多数行星已经拥有了自己的大家庭。于是，孤独的气态地球迅速冷却、收缩，在其内部形成液体物质，宣告其液化过程开始。当地球完全液化时，依旧没有自己的孩子；接着它的表面出现了一层薄薄的固体外壳——这说明地球终于趋向成熟了。此时，奇迹发生了：当地球半径收缩至一定限度时，太阳的潮汐周期恰巧与这个成熟星球的自由振荡周期重合了。

　　这无疑给地球带来了新的生机，潮汐波也开始随着地球的每一次自转而逐渐增大。经过了大约500年（当然，与行星的寿命相比，这个时间非常短），地球处在白昼那一侧的潮汐波前端的凸起逐渐增长并且越来越不稳定，最终在地表形成了一颗巨型水滴状的物质，并与地表分离。从那时起，地球便有了一颗比它的姐妹的行星更大更好的卫星。

　　如果月球是由地球表面的这个凸起形成的，那么关于月球的构成物质，我们就有一些有趣的推论。在前文我们提到过，地球是由许多壳组成的，其中较重的物质汇集在中心区域，较轻的物质则浮在表面。现代地球物理学识别了主要的3层壳。地球的外壳由一层花岗岩（平均密度是水的2.7倍）组成，其深度为50千米~100千米。花岗岩层位于一层较重的火山物质——玄武岩层之上，玄武岩层的深度可达几千千米，接近于地球半径的一半。往更深处，我们发现了一个熔融的内核，主要由铁和其他重金属组成。这种密度约为10（可能更高）的金属核的存在，直接导致了地球有约5.5的平均密度（根据地球总质量和体积估算出），这是地表岩石层密度的两倍多。

　　这样的物质能分离自然是重力作用的结果，而且应该是在地球还完全处于液态的时候发生的，因为只有液态的地球才能轻易实现中心和表层物质的循环流通。当巨大的潮汐凸起与地球分离时，它可能带走了大量的熔融花岗岩和玄武岩，而对于处于地球中心部位的重金属可能只带走了一点点，甚至有可能一点都没带走。由此，我们可以推测出，月球的平均密度应小于地球的平均密度，只略高于花岗岩和玄武岩的密度。根据观测结果，月球的密度为3.3，这就有力地证明了上述推论。同时也说明，与地球不同，整个月球体都应该是石质结构的。

月球的逃离

如果月球只是从地球母亲的身体上撕扯下来的一个巨大的物质块，那么它是如何远离并仍在继续远离其发源地^①的呢？事实上，月球与地球一分离，就立刻在地球"触手可及"的地方开始绕地球公转了。之后，有一种力量缓慢推开月球，让它沿着一个逐渐展开的螺旋轨道运行，月球这才与地球有了今天这么远的距离。这种力量必然源自两个天体之间的引力，可谁又能想到，地球引力会推开一些东西呢？

达尔文的研究表明，在地球引力的作用下，地球的卫星曾经（也正在）通过一种相当复杂的潮汐作用机制，稳定地被推向远方。为了解这一进程，我们需要详细研究月球对地球的液体包层的影响，即海洋潮汐现象。正如我们所知，潮汐现象是由于月球对地球正面（也就是朝向月球的那一面）的引力比对地球背面的引力更强而引起的。由于引力的不同，在地球两面产生了两股潮

---

① 当前月球与地球的距离为38.4万千米，相当于地球半径的60倍。

汐波，伴随着潮汐波的运动，月球绕地球公转。但是，因为地球自转的速度比月球公转的速度要快，所以这两种潮汐波肯定会沿地表运行，运行一周大约需要24小时，因而产生了众所周知的周期性涨潮落潮的现象。在此过程中，潮汐波遇到了来自陆地和地球表面其他不规则地形的阻力。更准确地说，地球液体包层中的潮汐波对固体地球的自转起着制动作用。

尽管潮汐波在不间断地绕地表运行时，产生的摩擦力很小，却成功地使地球自转的速度减慢了1分钟，因此我们的白昼变得越来越长。通过对潮汐现象的详细研究，我们不难知道，受月球潮汐影响，我们的白昼每12万年便会延长1秒钟。

看上去，即使是最精确的天文仪器，也无法注意到白昼长度的这种微不足道的变化。幸运的是，事实并非如此。这种差异的累积效应，即使在有记录的历史时间内，也会造成没几个小时的差异。[1]当我们把古埃及、古巴比伦和中国古代天文学家所记录的日食和月食的数据，与根据现在的天文数据推算出来的、假设一天的长度不变的数据进行比较时，就可以观察到预期的差异了。这无疑证明海洋潮汐减缓了地球自转。

如果将同样的变化速率应用到更长的几十亿年（自月球与地

_____

[1] 用上面的数据我们可以计算出，4 000年前的一天比现在短1/30秒，所以那时的白天比现在平均短1/60秒。因为4 000年包含了146万天，所以累积结果为1460000÷60 ≈ 24000秒，即大约7小时。当然，这个数字并不大，但是，精确的天文观测显示，在遥远的过去确实如此。

球分离以来），我们发现地球上一天的长度正好从原来的 4 小时变成了现在的 24 小时。

月球潮汐引起的地球白昼延长，肯定会对月球本身的运行产生影响。我们已经提到，根据力学的基本定律之一，一个机械系统（本例是地球 — 月球系统）的总角动量必须始终保持不变。因此，如果地球的自转由于月球的作用开始减速，那月球自身就必定会因获得角速度而加速运转。月球自转的加速必然让月球离地球越来越远，直到达到现在这个相对较远的距离（见图 14）。

通过对月球远离地球时间的精确计算，我们发现，如果以前的潮汐摩擦力和现在一样大的话，那么要把月球推送到相应位置大约需要 40 亿年的时间。这个时间似乎太长了，因为前几章我们已经讨论过，地球也只有 20 多亿岁。不过显然，这种时间差的存在取决于"摩擦力大小一直未变"的假设。前文已经提到过，目前陆地的大部分地区都被浅海覆盖，①而地质证据表明，在很长一段时间内，地表的样貌与现在有很大不同。如我们所知，在浅水中，地球的液体包层遇到的阻力最大，因此，我们推断：在陆地沉没于海水之中的那个时期，月球潮汐引起的摩擦力更大，地球自转的速度更加缓慢。这就加速了月球的远离进程，让它在几十亿年的时间里到达目前的位置。

地表陆地和水的分布格局的微小变化对月球运动具有如此重要的意义，乍看上去似乎很奇怪，却是一个不争的事实。

---

① 关于地球进化过程中这个"沉积"期的更多讨论见第七章。

对于潮汐对月球运行影响的进一步研究显示，月球在后退到与地球距离是现在的几倍的时候，将开始再次靠近地球，但是如果靠得太近，就会被撕成碎片。对于这个问题，我们放到本书最后一章关于行星系统的未来中讨论。

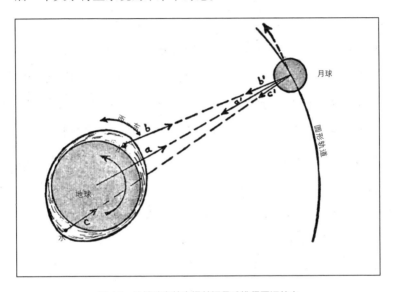

图 14　让地球自转变慢并把月球推得更远的力

因为地球绕轴自转的速度远比月球绕地球公转的速度快（前者自转一周需要 24 小时，后者公转一周需要 28 天），潮汐波和洋底之间的摩擦力会将潮汐波的波峰向东推动。从图 14 可以看出，由于前潮波峰比后潮波峰离月球更近，作用在地球上与地球自转方向相反的力 b，要大于作用在后潮波峰上的力 c，两者的合力会导致地球的自转速度减慢。

另一方面，两股潮汐波的波峰会对月球本身产生一定的引力，力 b' 大于力 c'，两者的合力会成为月球轨道的阻力，使月球绕地球的公转速度加快。而月球公转速度加快会产生更大的离心力，这使得月球逐渐远离地球，沿着螺旋轨道运行。最终，在潮汐力的作用下，月球逐渐被锁定，仅以一面对着地球，成为地球的一颗同步卫星。这就是潮汐锁定。

（由于空间的限制，图 14 放大了潮汐的大小，以及地球、月球的比例。）

月球潮汐

在月球与地球分离后不久，月球和地球仍然是液态星球时，由于地球的引力，月球表面必然也出现了巨大的潮汐。这些潮汐所产生的摩擦力持续阻碍月球自转，最终使其减速到这样的程度：在绕其轨道运行的过程中，月球总是只呈现其表面的一半。这种情况有时会引起人们对月球神秘"另一面"的奇妙猜测。同样的情况也存在于其他几颗卫星和水星这颗行星上。水星绕太阳公转时，它的一面是极昼，另一面是极夜。

由于潮汐力的大小与干扰天体的质量成正比，所以地球在液体月球上引起的潮汐力必然是月球在地球上引起的潮汐力的 81 倍。如果地球和液态月球之间的距离与现在一样，那么月球潮汐的高度必定会达到 50 米左右。我们对月球的形状进行详细研究后发现，实际月球在与地球分离时被拉长了，由此产生了距角。但这个实际观察到的距角，却是地球和月球保持现有距离时人们预期距角的 30 倍。因为潮汐力的大小与距离的立方成反比，所以，我们必须这样认为：只有当某个时期月球离我们的距离是现在的 3 倍时，才会产生实际观测到的距角（见图 15）。在这一发展阶段，月球显然已经变得太坚硬，而不能再变形了。由于地月距离增加，诱发潮汐现象的力量大大减小，潮汐波被"冻结"了，并且此后再也不会发生变化。这种"冻结的潮汐波"的

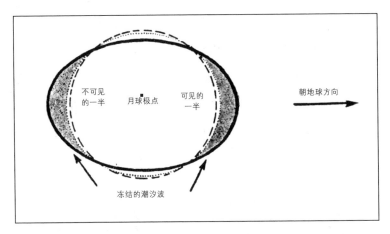

不可见的一半
月球极点
可见的一半
朝地球方向
冻结的潮汐波

图 15　从月球极点看到的月球形状（以夸大尺寸呈现）。短横虚线表示圆形赤道，点状虚线表示在当前潮汐力作用下本该产生的距角。实线则表示实际观测到的距角对应的地月距离是现在的 3 倍。

出现，说明与地球相比，月球硬度极大。这一点不像地球，因为即便是现在，地球固体外壳的形态也仍在变化着（详见第五章和第六章）。

　　因此，似乎可以肯定的是，月球外壳比地球外壳要厚得多，甚至很有可能从外壳到中心都是固体物质。这一点我们不难理解，因为月球的质量比地球的要小，所以它的冷却速度要比地球快得多。

　　众所周知，月球上没有水。但倘若月球表面有一半被海水覆盖，月球将会呈现出一种非常奇特的地貌——在月球这个圆盘的中央，是一个近乎圆形的、由"冻结的潮汐"形成的大陆；而在其另一侧，也会形成一个这样的大陆（见图 16）。月球上的海洋将非常浅，在月球面对地球的区域，海水最深处也不过 750 米左右。而月球大陆则从海岸线缓慢上升至海拔约 750 米的高点，露出水面的大陆高度正好占月球总高度的一半。因为与普通岩石相比，水的反射能力较弱，所以我们应该可以看到，位于月球中心明亮的月球大陆被一圈相当暗的水所包围。这样的地貌，一定会被那些绞尽脑汁想要记住地球上所有的海洋、海湾、半岛和海峡的学生们所喜欢吧！

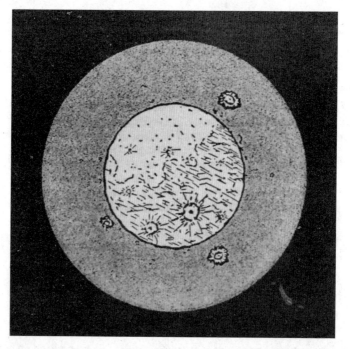

图 16　如果月球表面被水覆盖，我们会看到这样的画面（参照书后插图 3）。中心明亮的圆形区域将是月球的两个大陆之一。

月球的容颜

　　月球的可见表面与地球的大不相同。地球的表面是无数山脉形成的皱纹，而它的卫星月球的表面却丘疹满布。事实上，月球的石质表面最明显的特征就是有"月面陨击坑"，它们与地球表面的火山口非常相似，只是规模要大得多。地球上最大的陨击坑直径在 10 千米 ~12 千米，但月球上的陨击坑的直径通常有 80 千米 ~100 千米，有的甚至会超过 150 千米。典型的月面陨击坑接近于圆形，四周群山环绕，这些山脉有时甚至会比周围的平原高出 7 000 米。[①]月面陨击坑内的地面相对平坦，海拔高于或低于外侧平原。不同的月面陨击坑深浅不一，在其中央地带，往往会凸起一些小山峰。这些小山峰和陨击坑周围的山脉高度大致相当，有的峰顶上还有一些坑洞。在月球上的许多区域，陨击坑相当密集，新旧相叠，从而破坏了陨击坑原有的结构。可以想象，这样一幅乱石林立的画面，比地球上的任何构造都更具吸引力。

　　关于这些月面陨击坑是怎样产生的，一直有很多猜测。有人认为它们是在液体月球未完全凝固的情况下，遭到重陨星撞击的结果。但是，最可信的说法是，这些陨击坑是月球的岩石物质在凝固过程中释放出来的气体造成的。我们有足够的理由相信，在

---

① 月球上的山峰的高度通常是根据其投影长度估算出来的。

地球的熔融物质（当然也包含月球的）中，含有构成我们大气层、海洋水域的大部分气体和水蒸气。在月球凝固的过程中，这些气体和水蒸气不断从黏性表面逸出，形成巨大的气泡，气泡破裂后，留下了一圈凸起的环状物质。

"地球和水一样，都会产生气泡，这些就是其中的一部分。"在莎士比亚的悲剧《麦克白》中，班柯如此解释女巫的突然消失。不论莎士比亚笔下的英雄对那种奇怪现象的解释是否正确，单就月面陨击坑的产生而言，这无疑是一针见血的。读者只要观察一下厨房的煎饼——在煎的过程中，煎饼表面会形成气泡和小坑——就能轻易地联想到很久以前在月球表面发生的事情。

既然读者们从厨房回来时精神焕发、心情愉悦，那就是做好了解月球表面其他特征的准备了。除了陨击坑，月球表面的"月海"（maria 或 lunar seas）同样引人注目。"月海"是早期观测者取的名字，他们认为那是一大片水域。而实际上，这些"月海"是广阔的石质平原，正是这些石质平原覆盖在月球表面的大片土地之上。现在，人们普遍认为，熔岩在惊人地喷发后，散布在原始月球表面的低洼之处，掩埋了数千个较老的陨击坑，形成了广阔、光滑的石质平原。在此辽阔的石质平原上，竟然鲜有新陨击坑。这意味着在"气泡-陨击坑"快要完全形成的时候，熔岩喷发才开始。与陨击坑表面相比，"月海"的阴影更暗，这可能是因为熔岩反射能力较差，或石质平原光滑的表面比原始月球不规则的岩石表面散射的光线更少。

陨击坑和月海是月球上最典型的地貌特征，另外，我们还发现了一些中等高度的悬崖峭壁，它们有点儿类似于地表的山脉。这样的地质构造在月球上很少见，这表明，在月球形成时，造成地表山脉隆起的收缩过程并没有发挥多少作用。这里还有许多笔直的裂缝，宽约800米，深度未知，穿越山脉和山谷，绵延数百千米，这很可能是月球外壳深处的裂缝。除了这几种地貌之外，我们还发现一个奇怪的现象：陨击坑中会散发出一种浅色的"射线"，长达几百千米。这种"射线"在满月时清晰可见，而究其起源，仍未可知。

需要强调的是，因为水和空气的侵蚀作用不断地改变着地球的地貌，使地球表面变得平缓；而月球的表面并没有受到这些破坏性因素的影响（见书后插图4），所以它几乎没有变化，因此给我们呈现了月球形成的完整历史。

毫无疑问，在我们的星球凝固的过程中，逸出的气体形成了许多陨击坑，这些陨击坑与月球上的陨击坑具有完全相同的特征。但是所有这些早期的痕迹都被水和空气的作用抹除了，现在的山脉是在相当晚的时候才形成的。[1]

---

[1] 在地球表面与月球表面陨击坑相似的奇特结构中，有一个是亚利桑那州著名的"流星陨击坑"。顾名思义，这个陨击坑是在相对较晚的时候由流星撞击形成的。

破裂的疤痕

如果月球在地球还完全处于熔融状态时与地球分离，那么地球上的液体就会立即覆盖自己破裂的地方，不会留下任何痕迹，就像打过水的井面没有任何痕迹一样。但是，如果月球与地球分离时，地球表面的固体岩石外壳已经形成了，那么月球一定带走了一大块地球的岩石外壳，因而留下了清晰可见的疤痕。只要看一眼地表平面图就会发现，覆盖着地球表面 1/3 的太平洋，就是月球从地球分离时留下的"疤痕"。

当然，仅仅因为太平洋面积广阔、接近于圆形，还不足以得出这样的结论。我们的地质学家已经找到了强有力的证据，来证明太平洋实际上是月球这颗卫星从地球分离时，在地壳上留下的"裂口"。上文我们已经提过，地球的外壳是一层 50 千米 ~100 千米的花岗岩（见图 17），再往里是厚厚的玄武岩。对所有的大洲，以及淹没在大西洋、印度洋和北冰洋下面的地壳来说，情况都是如此，不过淹没在水下的地壳的花岗岩层要薄得多。

然而，辽阔的太平洋却明显不同——在散布在太平洋上的众多岛屿上，未曾发现过一块花岗岩。太平洋的海床完全是由玄武岩构成的，就好像是上帝之手把整个花岗岩层从这片广阔的土地上给移走了。

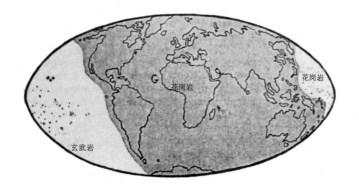

图 17　世界简图，显示了花岗岩的分布范围（阴影区域）。

　　此外，与其他海洋不同的是，太平洋盆地周围环绕着一圈带状山脉（科迪勒拉山脉、堪察加半岛、日本群岛和新西兰群岛）。这些山脉附近有明显的火山活动，因而被称为"火山带"。这表明，与其他海洋的海岸线相比，太平洋这条大致呈圆形的边界线与整个地壳结构的联系要紧密得多。因此，现在太平洋所在的区域，很有可能就是形成月球的大部分物质当初的离别之地。

　　所有这些都证实了一个假设，即当月球与地球分离时，地球已经拥有一层薄薄的花岗岩外壳了。因为地球另一侧的部分外壳很有可能也会破裂，并形成众多相互独立的碎片，这便造就了较小海洋中的盆地。事实上，我们将在本书后文中（第七章）看到，正如阿尔弗雷德·魏格纳（Alfred Wegener）首先指出的那样，大西洋和印度洋的海岸线形状有力地证明：很久以前，欧亚大陆、美洲大陆、澳大利亚大陆和南极洲大陆是一个连续的块状大陆。至于大洋底部的花岗岩可以简单地解释为：由于大陆之间的裂缝扩张——当时花岗岩岩层的里层仍然具有一定的黏性（像太妃糖一样）——将花岗层拉薄后，覆盖在缓慢扩大的裂缝底部。我们为何能够得出这样的结论呢？因为我们知道，古地质时代的火山喷出的是大量熔融的花岗岩，而现在的火山喷发物质则完全由熔融的玄武岩组成，这就说明花岗岩岩层的里层在那时并没有完全凝固。

　　地球上任何我们所熟悉的地质特征都可能是在月球诞生的过程中形成的，想到这儿，我们不禁兴奋异常。实际上，地球如果在没有遇到任何干扰或灾难性事件的情况下冷却，现在肯定会由规则的、按不同材料密度大小排列的同心壳组成。在这种情况下，地球的原始表面将是相当光滑的，且完全被一个各处等深的宇宙海洋所覆盖（见图 18）。

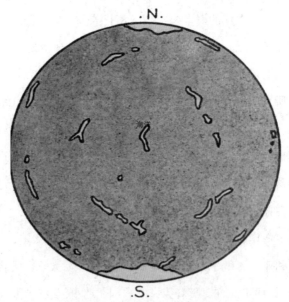

图 18　如果月球不是从地球中诞生的，那地球的表面现在看起来就应该是这样的。

随着地球的冷却凝固，海平面上出现了长长的山脉，如日本群岛。这种假设的地貌非同寻常，我们可以想象：在辽阔的海洋中，各种各样的"日本群岛"星罗棋布。要形成我们现在的地球，将大而光滑的花岗岩大陆块固定在更深层的较重物质里，某种形式的断裂是绝对必要的。但这种断裂是如何发生的呢？月球的分离为我们提供了一个合理的解释。

地表是如何形成的？这个重要的问题我们留到后面几章讨论。此时我们要问的只是地球之女的表面是否也有断裂的痕迹。对此，目前几乎无法找到答案，至少要等到一些敢于冒险的地质学家们，如同儒勒·凡尔纳（Jules Verne）的故事中描述的那样，带着锤子和钻头，乘坐宇宙飞船前往月球或者用大炮将炮弹发射到月球上去。因为目前我们能观察到的只是月球表面的一半。

人们试探性地假设，月球的月海（假设它是月球过去的岩浆猛烈喷发的结果）与太平洋盆地同时诞生，而月球表面颜色较浅的区域，就是月球与地球分离时，从地球上带走的地壳碎片形成的。但是，不管这个假设多么有吸引力，可信度都不是很高，因为曾经覆盖太平洋地区的花岗岩地壳的面积是整个月球表面积的5倍。还有一种可能是，被月球带走的原始地壳的不同部分重叠在一起，形成了更厚或更薄的花岗岩层，而那些更薄的花岗岩层随后被淹没在来自月球内部的熔融物质之中。但是，在很长的一段时间内，这些都只是人们的臆测，无法获得实际证据。

第四章

行星家族

比较行星学

本书的主题是地球，但在探讨该问题之前，我们需要对太阳系的其他成员进行简单概述，并将它们的物理特性与地球的进行比较。这种"比较行星学"将有助于我们了解地球的特征，就好比生物学家通过解剖将人体组织与蚊子、大象的做比较，以便更好地了解人体组织一样。

我们发现一些比地球小很多的行星，比如水星，由于表面引力太微弱，无法控制大气层，以至于大气层在形成后不久就完全逃入了行星际空间。此外，由于水星离太阳很近，所以它的表面一定也是炽热无比的——因而在水星靠近太阳的那一面，连铅都会融化！

而木星离太阳要远得多，即使在最炎热的"夏日午后"，它的表面温度也不会高于 -90℃。在这颗巨大的行星上，人们一年四季都能打雪仗（当然，由于木星表面强大的引力，雪球会非常重，所以你的力气得足够大才可以）。但千万别忘了，在雪地里玩耍时必须戴上防毒面具，因为木星的质量使它具有强大的引力，所以它拥有密度极大，且有剧毒的气体层。

逃离的分子

行星是如何失去其大气层的？要理解这个问题，我们需要知道，气态物质与液态物质、固态物质是有区别的。因为气体分子是自由的，且不断以不规则的"之"字形来回运动、相互碰撞；而在液体和固体中，独立的分子被强大的内聚力束缚在一起。因此，如果四周没有密不透风的墙，气体分子就会涌向四面八方，而气体自身也会无限制地逸散到周围的空间中。

就地球大气层而言，它的表面当然没有一层玻璃罩，但其无限制的逸散却会受到地球引力的制约。在重力作用下，向上运动的空气分子在垂直方向很快就会失速，这就像射向天空的普通子弹（很快会落地）一样。但若是我们使用某种"超级手枪"，让子弹具有足够快的原始速度逃离地球的引力牵制，子弹就会逃到星际空间，永远不会落到地球上。

根据已知的地表重力值，我们可以推算出，要摆脱地球引力的牵制，子弹的"逃离速度"必须达到 11.2 千米／秒，这比现代大炮的极限射速还要快许多倍。对于一颗特定的行星而言，抛射物的逃离速度与抛射物的质量无关。不论是一枚重达 1 吨的炮弹，还是空气中最小的分子，它们遇到的情况都是一样的。这是因为抛射物的动能及其受到的引力都与它自身的质量成正比。

因此，若我们要确定大气分子能否从地球上逃逸，就必须知道它们的运动速度。物理学知识告诉我们，分子的运动速度随温度的升高而加快；在相同温度下，元素越重，其分子运动速度越慢。例如，在水结冰的温度下，氢、氦、水蒸气、氮、氧和二氧化碳的分子运动速度分别为 1.8 千米 / 秒、1.3 千米 / 秒、0.6 千米 / 秒、0.5 千米 / 秒、0.45 千米 / 秒和 0.4 千米 / 秒；在温度为 100℃时，这些分子的速度会增加 17%；在 500℃时，会增加 68%。将这些数字与逃离地球所需的 11.2 千米 / 秒的速度相比，我们会倾向于认为，这些气体都无法从地球大气层中逃离。

然而，这个推论并不完全成立。因为上文给出的分子运动速度仅仅是平均值，也就是说，大多数分子都在以这样的速度运动，但总会有少数分子的运动速度或快或慢于平均运动速度。借助詹姆斯·克拉克·麦克斯韦的速率分布定律，我们可以算出这些分子的相对数量。通过计算，我们发现，能够逃离地球大气层的分子所占比例极小，如果用一个小数表示的话，那小数点后面大约有 200 个 "0"！但不管怎么说，总是会有一些分子逃离。这些分子逃离后，它们原来所在的空间就会被那些运动速度相对较慢的分子占领。在平均运动速度较高的氢分子中，这类 "逃亡者" 的比例要高得多，而在平均运动速度较低的二氧化碳分子中，这类 "逃亡者" 的比例则要低得多。

所以，大气层正在被这样的逃离过程 "过滤" 着，在较轻的气体完全逃离后的很长一段时间内，较重的气体依然存在于原来的大气层中。至于 "失去的大气层"，这不是特定行星是否会失去它的大气层的问题（如果有足够的时间，任何行星都可以!），而是这颗行星能否存在足够长的时间，让它真的失去它的大气层。

行星和卫星的大气层

在地球诞生以来的几十亿年里，大气层很可能失去了大部分的氢和氦，而氮、氧、水蒸气和二氧化碳等较重的分子则应该大量存在。这就解释了为什么氢在我们的大气层中缺席，而只以与其他分子混合的形式存在于水和其他化合物中。这也解释了为什么几乎不构成任何化合物的惰性气体氦，目前在地球上如此稀有——即便天文证据已经证明，在生成地球的原始太阳中，惰性气体氦十分丰富。

按照骑士精神，在地球之后，接下来我们要讨论的便是比地球小一点的金星了。金星上抛射物的逃离速度为 10.7 千米 / 秒，略慢于地球上抛射物的逃离速度。于是，我们猜想金星的大气层只比我们的大气层稀薄一点点，还有大量的水存在。由于金星比地球离太阳更近，它接收的太阳辐射也就更多，所以金星上的大部分水都以云层的形式存在，这些云层遮住了爱之神美丽的脸庞，让我们永远无法一睹她的真容。而正是因为这白色的云层面纱，让金星的表面在太阳光的照射下十分耀眼，成为一颗最明亮的行星（见书后插图 5A）。

下一个较小的行星是火星，其抛射物的逃离速度仅 5 千米 / 秒，我们猜测火星有着比地球更为稀薄的大气层，这一猜测正好与实际观测的结果一致。书后插图 6A 展示了火星的两张照片，每张照片都是一半用紫外线拍摄一半用红外线拍摄的。因为地球大气层吸收了大部分紫外线，所以用紫外线拍摄的那一半，本该显示火星大气层的景象，却连一点点都看不到；而用红外线拍摄的那一半，因为不受地球大气层的影响，所以能够显示火星大气层的情况。

火星上存在大气层的另一个证据是书后插图 6B 展示的照片，有时人们可以观察到火星表面的朵朵白云。但与地球相比，火星上的这些云层要稀薄得多。因此，我们可以断定：在这颗"好战"的火星上，水是相当稀少的。虽然有迹象表明火星上确实有水，但是没有与地球相媲美的海洋存在。火星上的水主要分布在广阔的沼泽地和浅湖中。

接下来我们将看到所有行星中最小的一颗——水星，它的质量是地球的 1/25，其抛射物的逃离速度仅 3.5 千米 / 秒。没有一种气体分子能在这么小的行星上待几百年；而且，在水星冷却的过程中，随着气体的释放，水星逐渐失去了大气层和水资源。

较大的行星，如木星、土星、天王星、海王星等，它们的抛射物的逃离速度分别为 61 千米 / 秒、37 千米 / 秒、21 千米 / 秒和 22 千米 / 秒。它们的情况完全不同。这些巨行星的大气层中不仅保留了氧、氮、水蒸气和二氧化碳，而且保留了大部分最初存在的氢和氦。

太阳上的氢比氧多得多，这些大行星也是如此，而且所有的氧都以化合物的形式存在于水中。这些大行星的大气中没有氧，主要由氮、氢和氦组成。同时，我们应该能想到，由于氢的含量如此之多，它会与碳和氮结合，形成有毒的沼气（甲烷）和易挥发的氮的化合物，这将使这个致命的大气层逐渐饱和。

我们对这些大行星反射的太阳光进行光谱分析可以发现，由于这些气体的存在，这些大行星具有很强的吸收线。此外，光谱分析没有显示氧或二氧化碳的存在，而如果没有氧或二氧化碳，就不可能有生命，原本应该存在于大气层的水蒸气也就不存在了。水蒸气的缺席明显是因为这些大行星表面温度非常低（距离太阳相当遥远），所以所有的水都以雪和冰的形式沉积了下来。

书后插图 7 和插图 8 分别是木星和土星的照片。照片中圆环似的标记就是它们的大气层。迄今为止，还没有人能够透过大气层，看到这些行星的固体外壳。①

行星上生命存在的条件

当讨论到其他行星上存在生命的可能性时，我们遇到了一个很微妙的问题，那就是我们压根不知道什么才是生命，或者说除了地球上的生命形式之外，还存在着其他什么样的生命形

---

① 目前，科学家通过分析木星的平均密度和内核密度推测出木星最内部是有固体内核的，但除了内核之外，外面的多层都是气态或者液态的。

式。毫无疑问，在熔融岩石的温度（1 000℃）以上或绝对零度（−273.10℃）以下，不可能存在任何形式的生命。在绝对零度，所有的材料都会很僵硬，但这个限度极其宽泛。如果我们将生命的形式局限于地球上的普通生物，那能够诞生生命的温度区间大致在液体水能够存在的温度范围内。尽管有一些细菌能够在沸水中安然无恙，而北极熊和因纽特人生活在永冻地区；但是前者在沸水中死亡只是时间问题，后者是高度发达的有机体，他们通过皮毛和体内的自然氧化过程来保暖。根据我们对生命进化的最基本了解，我们几乎可以肯定，如果海洋一直处于沸腾状态或冰冻状态，那么地球上就不可能有生命。

当然，我们可以设想出完全不同类型的活细胞，在这种活细胞中，硅取代了碳，因而耐热性很强。同样，我们可以设想出一种生物体，其体内的水分被乙醇替代，因此不会在冰川中被冻僵。但是，如果这样的生命形式真的存在，那为什么在地球的极地地区没有出现这样的"乙醇生物"呢？在间歇泉的沸水中又为什么完全没有"硅生物"呢？因此，总体说来，不论是在宇宙的其他地方，还是在地球上，生命存在的条件很可能没有太大的区别。带着这个假设，我们现在来研究一下太阳系各个行星上生命存在的条件。

我们首先对外行星中的"大家伙"进行研究。我们得承认，在它们庞大的身躯上，几乎没有生命存在。如我们所知，这些大行星上温度太低，它们有毒的大气层中既不含氧气、二氧化碳，也不含任何形式的水分。

在体积较小的内行星中，水星不仅缺少空气和水，而且离太阳如此之近，以至于白天的温度高到足以使铅融化！大家可能还记得，水星只有一面能被太阳的照射到。因为很久以前太阳潮汐的作用减慢了这颗行星的自转速度，所以它总是同一面朝着太阳这个巨大的中心天体转动。它的另一面被永久的黑暗统治着，那里的温度远低于水的冰点——当然那里也没有水可以结冰。所以，水星上不可能存在生命！

这样，就只剩下两颗行星了——金星和火星，它们是地球的内邻和外邻。这两个星球上的大气层和我们地球上的差不多，而且有明确的迹象表明，它们都有充足的水源。

就表面温度而言，金星的温度一定比地球高，火星的温度一定比地球低。厚厚的云层永久地遮住了金星的表面，让我们难以估计金星表面的温度；但是要说金星上的温度和湿度比热浪中的华盛顿特区还要高的话，也不太可能。在金星极夜的那一面，下沉的气流一定会使天空相当清澈，夜晚无比凉爽。这样清澈的天空应该可以为我们提供一个观察金星表面构造的机会。但不幸的是，金星就像一个羞涩的女子，只有在黑夜的掩护下才会揭开自己神秘的面纱。

由于无法观测金星的表面，所以我们很难获得关于金星自转的任何确切的信息。不过最近的一些观测显示，金星上的一天相当于地球上的几个星期。因为金星绕太阳公转一圈需要 32 周，实际上，我们可以认为它是存在昼夜交替的。总的来说，金星的情况虽然不至于让人兴奋，但是我们推测，至少金星上是可能存在某种生命的。

金星上是否真的存在生命？这个问题看上去基本无解，因为没有人见过金星表面到底是什么样子。但是，通过对金星大气层的光谱分析，我们获得了有关金星上存在活细胞的信息。行星表面任何类型的植被的存在，必然会明显提升大气中氧气的浓度；因为植物的主要生理功能是分解空气中的二氧化碳，在生长过程中消耗碳并释放氧气。

本书稍后将会提到，地球大气中的所有氧气很有可能都来自植物的这种生理功能——如果某些灾难导致地球表面的草地和森林消失，大气中的氧气将在各种氧化过程中被消耗，并很快消失殆尽。尽管科学家们能够在稀薄的地球大气层中探测到氧的存在，尽管氧含量不足 1/1000；但对金星大气层进行光谱分析后却并能确定游离氧的存在。这就说明，金星表面并不存在广泛的植被。而如果没有植被，动物几乎不可能存活，毕竟动物不能在没有供它们呼吸的氧气的情况下，仅仅靠彼此互食生存下来。

因此，我们几乎可以肯定，虽然自然条件相对有利，但由于种种原因，金星表面的生命并没有繁衍下来。这有可能是因为金星的向阳面有厚厚的云层，太阳光无法穿透，因而也就无法提供植物生长所需要的阳光了。

干燥的火星表面

地球的"外邻"——火星，是唯一一颗人们可以观测到其表面结构的行星。就算我们把对其他行星的了解全部加起来，都没有对火星的了解多。火星离地球的最近距离仅为 5 570 万千米，它的大气层清澈、透明，偶尔会飘过一些小云朵（见书后插图 6B）。对火星大气层的光谱分析显示，火星大气层中含有氧气、二氧化碳和水，这说明火星上有可能存在着动物和大面积的植被。

由于火星抛射物的逃离速度相对较慢，它的大气层比地球的要稀薄得多，大气压力只有地球的 1/10。如果有人能够成功到达火星，那么他在火星所遇到的大气状况会和地球上的飞行员驾驶飞机在海拔极高处遇到的大气状况一样。自从火星形成以来，显然也失去了很大一部分水——虽然不至于完全消失，但火星的气候却很有可能相当干燥。

我们通过天文望远镜可以观察到火星表面相当光滑，不像地球那样山脉绵延不断。[①] 然而，火星表面的一些永久性标记，表明其确实存在一种特定的地貌。火星表面大约有 5/8 是红色或橘

[①] 太阳落山时，山脉会留下倒影。人们可以通过这些长长的倒影判断出火星上是否存在山脉。

红色的，这使得这颗行星总体呈红色，很容易让人联想到"战神①"。因为这 5/8 区域的颜色是稳定不变的，所以我们更可以确定，该区域是光秃秃的岩石或者沙地。火星表面另外 3/8 的蓝灰色或偏绿色，最初人们认为这一区域是像我们的海底盆地那样的大型水底盆地，所以将这些区域命名为塞壬海（Mare Sirenum）和珍珠湾（Sinus Margaritifer）。但是，这些颜色较深的区域却并非水域，因为若是水域，颜色会更加均匀。更为重要的是，若这片区域是水域，必然会反射太阳光，从而使整个区域更加明亮。另外，偏蓝或偏绿的表面说明这里有植被存在，而人们观察到这些颜色随季节变化而变化，使得这一说法得到有力支持。事实上，这个区域的绿色在其所在半球春季时最为明显，而后随着冬季临近，这种绿色逐渐淡去，变成棕黄色。这种变化与地球表面植被的变化十分相似。以"火星大气中有游离氧存在"为前提，我们推断那些暗区即为覆盖着草、灌木与树木的平原。②

虽然人们没有在火星上发现明显的水域，但是却有充足的证据证明火星的两极有雪和冰。这些雪和冰就好像给火星的两极分别戴上了一顶亮白色的帽子，即极冠（见书后插图 5B）。自然，火星的极冠季节变化尤为明显。在冬季，它们几乎占据了两个半球的一半（对应到地球的陆地上，我们应该说与波士顿同纬度的

---

① 火星的英文名是 Mars，这是罗马神话中战神的名字。

② 起初，科学界普遍认为火星上颜色较深的区域可能覆盖着植被。后经火星探测器确认，火星上没有植被，上述现象只是火星上大气运动的结果。

地区在下雪）；当春季来临时，太阳光又把它们推回到两极；夏季到来，火星南半球酷热难耐时，南极的极冠有时会完全消失。

火星北半球比南半球温度更低（恰好与地球上的情况相反[①]）。在北半球，积雪从未完全消融，不过到最后只在北极附近留下一个小小的白点。火星极冠的消失，并不是因为气温升高（我们知道火星比地球冷），而是因为水资源相对匮乏，阻止了厚冰盖的形成。如果地球上的雪只在地球两极形成薄薄的冰层，那么在太阳光照射下甚至会比火星上的极冠融化得更快。

对极冠延伸和收缩的研究，为估算火星上不同地貌的相对高度提供了一种有用的方法。春季，在雪线向两极后撤的过程中，有一些区域的冰雪会滞留下来——说明此地地势较高。当冬季来临时，也正是这些地区首先开始下雪。[②]鉴于"初雪"总是出现在火星上呈红色的区域，我们可以推断，这些区域的地势相对较高，并且在其低洼区覆盖着厚厚的植被。不过，火星上高低区域的地势落差并不太大。假如地表的海水全部扩散到星际空间，留下被植被覆盖着的海底暴露在空气中，那么与地球相比，火星表面地势的落差要小得多。

---

① 由于地球轨道的椭圆性特征，在北半球冬季时，地球离太阳较近；在北半球夏季时，地球离太阳较远。因此，北半球的冬天更温暖，夏天更凉爽；而南半球的冬天更寒冷，夏天更炎热。所以，冬季的南极会形成一个比冬季的北极更大的冰帽。

② 地球上的高山有永久的积雪，而在火星表面，我们没有观察到永久性的冰山。这不能证明火星上没有高山。事实上，火星上的高山比地球上的高山还要高，只因太干燥，所以山顶没发现大面积永久性冰川。

在第三章中我们提到过，在月球诞生的特殊过程中，地球上形成了地势较高的陆地和深海盆地。而火星上并没有发生过这种卫星分离的灾难，它以普通的方式获得了火卫一和火卫二两颗卫星。当时火星仍处于气态，没有迹象表明它的表面像地球一样被破坏过。假如火星有更多的水，那么它就会完全被海洋覆盖；彼时，火星看上去就会像一个光滑、均匀的球体，表面偶尔会反射出太阳的强烈光芒。

除了地球之外，火星上的温度似乎是最适合生命存在的，这也引起了人们的兴趣。测辐射热计是一种高敏感度仪器，能测量远距离物体的辐射热量。借助这种仪器，我们发现，火星[1]的地表温度仅为10℃左右，火星赤道附近的温度可能略高。可即便是在赤道地区，日出之后或日落之前的温度也一定远远低于水的冰点，同时，夜晚肯定会非常寒冷。[2]当然，极地地区还要冷得多，极冠的温度可能低至 –70℃。这样的气候很难说得上舒适，但是动植物要是生存的话，也不是不可能。

即使火星上确实存在植物，[3]要证明动物存在与否却要困难得多。大约在1895年，美国天文学家珀西瓦尔·洛厄尔（Percival Lowell）发表了一则浪漫宣言，在科学界和普通大众中引起了极大

---

① 原书中是月球，但此处更大可能是指火星，这有可能是作者笔误造成的。
② 在火星的日出区域可以看到一些小白斑，太阳升起时，它们就迅速消失了。这些小白斑，很像地表在寒夜形成的白霜。
③ 到目前为止，人类还没发现火星上存在生命，更没有发现植物。

的轰动。他声称，他不仅发现了火星上存在动物的证据，而且发现了火星"居民"高度文明化的证据。

这一说法是基于所谓的"火星运河"提出的。"火星运河"是一种几何网络，由火星表面笔直、狭窄、轮廓分明的线条构成（见书后插图6C）。1877年，意大利天文学家乔凡尼·斯基亚帕雷利（Giovanni Schiaparelli）首先宣布了"火星运河"的存在，随后又有几位天文学家对其进行了观察和描述。如果这样的"运河"确实存在，那么它完美的几何形状只能说是智慧生物活动的结果。

洛厄尔就此提出了一个大胆而巧妙的假设：这些运河是由火星人建造的，因为火星严重缺水，他们为了在这个垂死的星球上生存下去，便在绝望的挣扎中建造了这些巨大的灌溉系统。根据洛厄尔的说法，人工沟渠穿越了贫瘠的红色沙漠，而"火星运河"就是这些人工沟渠延伸形成的公园区。他设想，在某个半球的春天开始时，其对应极冠的雪开始融化，由此产生的水就沿着这些运河被输送到干旱的赤道地区。他甚至试图通过运河颜色的逐渐变化来估计运河中水流的速度。

上述这些推测让人异常兴奋。如果"运河"真的存在的话，这样的推测会有重大意义；但很不幸，借助高级天文望远镜及先进的拍摄手段，我们发现这些"运河"并不存在。那么多观察者所宣称的运河网络似乎只是一种视觉错觉，它的形成是因为人的眼睛在观察接近视野极限的物体时，总是倾向用窄线将细节连接起来，以此形成某种几何图案。虽然火星表面有无数黑点，却没有直线或运河将它们连接起来！我们依旧无法知晓火星上到底是否有动物存在。

第五章

地心之旅

越往里越热

现在让我们忘掉地表那些迷人的风景，回到地球本身，开始一段深入地球内部、走向地心的旅程。尽管我们在地表拥有多种便捷、舒适的交流手段，也可以和皮卡德教授（Professor Piccard）①一起进入极其稀薄的平流层；但是可以用于探索地球内部的设备却非常少。现今地球上最深的矿井和水井都不到 3 000 米，而 3 000 米甚至不足地面到地心总距离的 1%。目前，人们想要直接探索地心完全不可能。

然而，即使现在人们可到达地球内部的深度有限，相关研究也显示了一个极为重要的事实：在地表以下，随着我们向地心深处迈进，岩石的温度会稳步上升。矿井越深，温度越高。例如，在世界上最深的金矿鲁滨孙深谷（南非）②，由于井壁太热，为了防止矿工们被活活烤死，人们不得不安装了价值 50 万美元的空调设备。

关于地下温度分布的最全面的数据，是通过在地表几千个不

① 奥古斯特·皮卡德（Auguste Piccard），瑞士物理学家、发明家和探险家，是世界上第一个进入平流层的探险家。
② 现在世界上最深的矿井是南非姆波尼格金矿，深 4 350 米；最深的钻井是俄罗斯在库页岛上的奥托布 11 号油井，深度达到了 12 345 米。

同的地方进行深井钻探得到的。对这些深井的温度测量表明，"地球内部的温度随着深度的增加而升高"是一个相当普遍的现象，而且这个现象与观测点的地理位置无关。不过，受不同地理位置气候条件的影响，靠近地表的地方总是有些温度偏差的。比如两极冻土地带之下几百米处的岩石，自然要比那些撒哈拉沙漠下面的岩石温度更低；而在海底（当然离海岸不远）钻井作业中得到的测量数据也表明，海底岩石的温度要比大陆相同深度岩石的温度低一些。然而，这种温度偏差都只局限在地壳较薄的外层中，在地下深处，温度相同的各处与地表的距离几乎相同。

人们在可探测到的地壳外层中观测的温度变化显示（见图19），地壳外层的温度变化非常稳定，每深入1 000米，温度大约

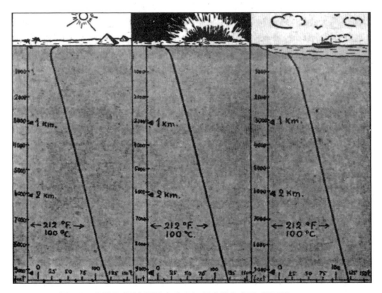

图 19　在地下深处的温度升高与地表的气候条件无关。

升高 30℃。

　　既然地表的平均温度大约为 20℃，那么在地下 2 500 米的深处，岩石的温度就能达到水的沸点。也就是说，如果地表的水通过地壳的一些裂缝渗透下去，在达到这个深度时，就会开始沸腾；而后又会在水蒸气的压力下被喷射出来，形成壮观的热喷泉。这个景象，美国黄石国家公园的游客一定很熟悉。

　　在可测量区域之下的几十千米，如果温度继续按相同的比例升高（没有明显的证据证明不会这样升高①），那么要达到岩石熔化的温度（即 1 200℃~1 800℃），深度必须达到地下 50 千米左右——可以肯定的是，地表无数火山喷射出来的岩浆也是出自相同深度。事实上，经测量，火山口内部的岩浆温度总是在 1 200℃左右，这与地下 50 千米深度的温度一致。

　　在地球物理学创立之前，古人就依据火山喷发提出了一个假说："地狱"就坐落在他们脚下的某处。这给我们提供了最好的证据：我们赖以生存的地壳是相当薄的。

会流动的固体和会破裂的液体

　　乍一看，上述证据似乎充分证明，在我们脚下大约 50 千米的地方，构成地球主体的岩石是熔化状态的，并且拥有跟普通液

---

① 在第六章我们将会了解到，在地下极深处才能发现温度线性升高的偏差。

体完全一样的特征。因此，当另外一组观测数据明确显示，在地下 3 000 千米的深处（地表到地心距离的一半），地球的构成物质具有普通弹性固体的所有特质时，人们必然会十分惊讶。事实上，本章稍后将会提到，在月球潮汐力的作用下，人们观测到的地球变形及地球内部传导出来的地震波会让我们相信，地球的构成物质几乎就像弹簧一样，弹性很好。

那么，这真的是一个无解而又相互矛盾的事实呢，还是说这两个明显相左的研究结论可以在某种程度上相互调和？物质能是液态而又富有弹性的吗？当然，没有人想象过用液态水做一块表的发条，或者从一个玻璃杯中倒出一根铁棒。

尽管很奇怪，但是世上的确有许多物质兼具了这两种看起来相互矛盾的特质：固态特性和液态特性并存。以一根普通的封蜡为例，用锤子击打封蜡，它会像黏土或玻璃一样碎成许多片；但是如果我们将另一根封蜡放进罐子里封存几年，我们将会发现这个封存起来的蜡会像液体一样铺满整个罐底。同理，如果将一枚硬币放在看起来像是固体的焦油的表面，如果时间够长，最终它会沉到底部；而橡木塞则会像在水中一样，在"固体"焦油中漂浮。

另一个著名的例子是鞋匠的蜡，它很坚硬，硬到可以用来做音叉。然而，如果一个使用此类音叉的音乐家把它遗忘在架子的某个角落很久，他将会惊讶地发现他的音叉已经完全铺在架子上了，就像是由蜂蜜做成的一样。①

从严格的物理学意义上来说，诸如焦油和各种蜡之类的物质应被归为液态物质，它们明显的"固态"特性应归因于它们极高的黏性。当有强瞬时力试图快速改变它们的形状时，它们必定会碎裂开来；而在足够长的时间内，在较弱的力的作用下，它们会（像液体一样）流动。

这些高黏度、类固体的物质与从不会流动（变形）的真正固体的区别，在于它们内部的分子结构不同。在真正的固体中，分子以一种规律的方式排列，形成一个所谓的晶格；②而在普通的高黏度的液体中，分子的分布完全是杂乱无章的。在晶格物质中，分子的任何错位都会引发一个力，这个力会试图将它们拉回晶格中的原来位置。而在液体中，分子之间相互"滑动"，它们的运动仅会被分子之间的"摩擦力"束缚；如果摩擦力足够大，这群分子只能非常缓慢地改变自己的形态，遇到任何想让它们快速变形的力，它们都会分解。

分子的"滑动"能力当然取决于它们的性质，以及它们在外

---

① 尽管普通玻璃的"流动性"明显比上文中讨论的物质要弱，但也属于此类"液态固体"。古玻璃器皿的制作可以追溯到古埃及第一任法老，在玻璃器皿出现以来的数千年里，形状没有明显的变化；但是玻璃的流动性从其非晶体结构就可以看出来。这一点，我们在后文中会进一步解释。

② 尽管所有的固体都拥有晶体结构，但在许多固体中，单独的晶体太小且非常紧密地组合在一起，以至于只有通过显微镜观测才能证实这一点。所有普通金属都属于此类微晶固体。

部压力下的紧密程度。在正常的大气压强下，只要热运动将分子们从原来的晶格位置上带走，大多数物质的分子就能轻易"滑动"。只有少数的几个特例，比如在焦油或蜡中，摩擦力异常重要。而在存在巨大压强的地球内部，[①]组成岩石的分子受到相当大的"挤压"力量，以至于即使温度超过其熔点，其流动性依依然极小。

如此，我们就能够理解，在地表以下很深的地方，只要时间足够长，熔融的岩石也会流动；同时，其又能像弹性固体那样，对地震波中产生的相对迅速变化的力做出反应。

然而，一旦地球固态的外壳偶然产生一个裂缝，地下极深处的物质流动就会非常明显。这些滚烫的弹性物质会被巨大的压力挤入那个裂缝中，并且缓慢上升至地表。随着距离地表越来越近，这种熔融物质会进入较低压强的区域，内部的分子随之渐渐变得"松散"。于是，这些物质慢慢地再次移动，以我们熟悉的红色岩浆的形式从火山中喷发出来（见图20）。

似乎在很多情况下，熔融物质在到达地表之前就停止了流动，并水平扩散，形成了地质学上称之为"岩盖"的岩浆物质网。如果随后的侵蚀除去了地壳的岩层，这些岩盖就会暴露在地表之上。

---

① 在地下50千米处，由于上面岩石的重量，压力可达到大约2万个大气压。

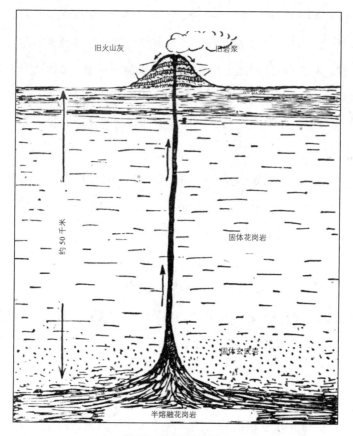

图 20　火山喷发示意图

漂移的大陆

在本书第三章中我们曾经说过，地球原始地壳是由花岗岩构成的，其中相当大的一部分在月球诞生时被剥离，形成了月球的主体。月球诞生以后，剩下的地球原始地壳的巨大碎片，漂浮在较重的玄武岩的熔融表面上，形成了大陆板块；而暴露在外的玄武岩（除太平洋盆地以外，其他地区的玄武岩都被一层很薄的花岗岩覆盖）外层则凝固起来形成了海底。大陆板块就漂浮在熔融的玄武岩层上，就像现在的冰山漂浮在海洋表面上一样。

为了支撑漂浮在熔融的玄武岩层表面的部分陆地，大陆肯定要有所下沉，其下沉的深度要达到使排出液体的重量等于其自身的重量（阿基米德定律）。根据花岗岩和玄武岩的相对密度（2.65和 2.85，以水的密度作为参照），很容易计算出，漂浮在液态玄武岩之上的花岗岩仅占其自身总厚度的 1/13。[1]当玄武岩外层凝固以后，大陆板块就在新的固态地壳中固定下来。

只要新生的海洋盆地仍然是空的，大陆板块漂浮在玄武岩表面以上的部分就会基本保持不变。然而，一旦地壳的温度降到水的沸点以下时，雨水就开始流入海洋盆地，[2]直到将其填满。这些额外的水的重量将海洋盆地向下压，而地球相对较薄的固体地壳却不能支撑这些重量，因此海洋盆地不可避免地会发生一些变形。

海洋底部继续缓慢下沉，而大陆板块受挤压后向上隆起。当海水像现在这样，几乎盈满海洋盆地时，不难通过计算得到高出

---

[1] 依据阿基米德定律，一个漂浮在液体上的物体，它凸出液体部分的占比一定等于液体密度除以两种物质的密度差。基于上述数值，我们算出，物体凸出部分的占比为：$(2.85-2.65) \div 2.65 \approx \dfrac{1}{13}$。

[2] 海洋的平均深度为4.25千米，而海平面以上陆地部分的平均海拔仅为0.75千米。

海洋底部玄武岩表面的大陆团块的高度占其自身总高度的1/9。由于目前大陆表面的平均海拔大约为5千米（4.25千米+0.75千米），所以我们可以得出，花岗岩团块的总高度约为45千米。这与"火山岩浆来自地下约50千米的深处，且几乎全部由玄武岩成分的物质组成"的事实相符合。而过去的火山则肯定是在地壳比如今稍薄弱的时候喷发的，且喷出大量熔融的花岗岩。在地球冷却阶段，大陆地壳的凝固过程只比花岗岩和玄武岩分界线处的快了一点点。我们应当知道，固态地壳必定是由两种完全不同类型的岩石碎块组成的。这些碎块紧密相连，漂浮在里层的塑性物质之上（见图21）。

地表质量分布的变化对地壳的调节过程，在地球样貌的演化过程中起着非常重要的作用，这就是地壳均衡说。本书稍后会说到，在冰川时期，北美和欧洲的大部分地区被厚厚的冰层覆盖，地壳均衡调节起了重要作用。冰层的压力迫使这些大陆的北部地区下沉到塑性物质层中。

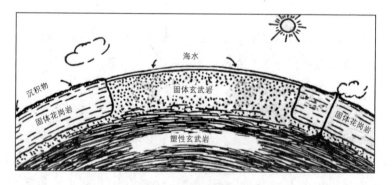

图21 固体地壳的结构

而今，大多数冰川已经消失，那些受压制的大陆部分正在缓缓升起，试图返回到冰川时期之前它们所在的位置。我们可以看到，海水正在缓慢退去，比如斯堪的那维亚半岛海岸线的变迁。本书的第六章也会提到，在庞大山体的重压下，地壳会向下弯曲，从而形成巨大的花岗岩凸面，挤进熔融的玄武岩中。

地壳均衡调节现象再一次提醒我们：将我们与地球内部的区域隔开的，只是一层非常薄的固态岩石，并且自地球诞生以来，其内部区域几乎未曾改变。从这个方面来说，地球还是比月球年轻得多——当然不是在年龄方面，而是在保持"如火的青春"方面。

事实上，正如我们所知，与地球相比，月球体积相对较小，凝固的程度肯定比地球要高得多，因此它的固态外壳可以轻松支撑起它两个巨大的"冻结的潮汐"。

岩石中的潮汐

我们经常提到潮汐现象，尤其是潮汐现象在地球发展史中的重要性。我们还记得，因为共振，太阳在原始液态地球上的潮汐作用增强，在这种情况下，月球诞生了，从而引起了海洋的周期性涨落，并减缓了地球的自转。

当然，太阳潮汐力并不仅仅局限于对地球液体包层产生周期性干扰，地球的岩石本身也被作用于其对立两侧的不均匀引力周期性地推拉着。我们知道，地球内部的物质只有在相当长的时间里，受到同一方向持续的力的作用，才会展现出塑性特征。既然潮汐力每 6 个小时改变一次方向，那我们可以认为，为应对这种力量，地球的主体必须表现得像是一个非常有弹性的球体。

一个封蜡球，若从一定高度掉到地板上会弹起来，可如果将它放置在地板上的时间足够长，它会在自身的重力下变软而后平铺开。由于地球主体肯定比它外层的液体包层的塑性要差，因而"岩石的潮汐"肯定比海洋的潮汐运动规模要小，我们在海边观察到的海平面的涨落一定是由于这两种潮汐的高度不同造成的。尽管我们可以轻易计算出这个差值，却很难确定两种潮汐各自的高度。

事实上，地球的潮汐变形引起了观测者周围地表的周期性起伏。地面的观测者无法观测到岩石中的潮汐，就像在海洋行驶的船上的观察者无法观测到海洋的潮汐一样。

要估计地球上的潮汐高度，可以根据牛顿定律先计算出海洋潮汐的预期高度，再将得到的值与观测到的海洋及陆地水平面的相对高度做比较。如果地球是一个光滑、规则的球体，从理论上计算出海洋潮汐的高度非常简单。但不幸的是，我们需要兼顾所有不规则的海岸和不同深度的海洋盆地，所以这种计算就变得非常困难，甚至不可能完成。

美国物理学家阿尔伯特·A. 迈克尔逊（Albert A. Michelson）以一种非常巧妙的方式解决了这个难题。他提出可以在相对少的水体中研究太阳和月球引力引起的"微型潮汐"。迈克尔逊的装置（见图 22）是一根水平放置的长约 150 米的铁管，铁管里有半管水。在太阳和月球的引力作用下，这根管子里的水面的运动方式与海洋面的完全一致，并且周期性地改变倾斜方向。

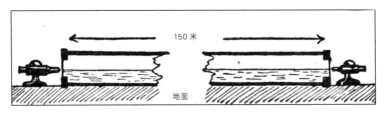

图 22　迈克尔逊在实验室条件下研究潮汐的装置

　　因为"迈克尔逊海洋"的线性尺寸比太平洋的线性尺寸小得多（150 米∶16 000 千米），所以同样的表面倾斜度只会使管道两端的水位发生非常小的垂直位移，小到用肉眼根本看不出来。不过，借助显微镜，迈克尔逊能够观测到水平面的细微变化，其位移最大值仅为 0.000 4 厘米。尽管"微型潮汐"的体积很小，迈克尔逊却能借此观测到地球海洋盆地中我们所熟悉的所有现象，比如新月期异常高涨的潮汐。[1]

　　迈克尔逊将他在"微型海洋"里观测到的潮汐的实际高度，与计算出来的"微型海洋"里的潮汐的理论高度相比较，发现实际高度仅占理论高度的 69%，剩下的 31% 很明显被管道下面的固态地表的潮汐错位给抵消了。因此，他认为，人们观测到的海洋潮汐必定只占整个海面上涨幅度的 69%。因为海洋中的潮汐高

_____

[1] 海拔较高的潮汐产生于月球和太阳在地球同一侧且都对地球产生引力作用时。

度约为 75 厘米，^① 所以整个海面应上涨约 110 厘米。剩下的 35 厘米被相对应的地球固体外壳的起伏运动所抵消。因此，海岸上的观测者看到的潮汐高度只有约 75 厘米。

尽管听起来很奇怪，但我们脚下的大地，连同它上面的城市、高山和山脉，确实都在周期性地上下移动。当月亮每晚升上天空时，大地也向上升起；当月亮落到地平线以下时，大地也随之下沉；当月亮正处于我们脚下时，大地第二次升起，也就是说，将整个地球从我们脚下拉了出去。毫无疑问，这种起伏运动进展得非常顺利，哪怕是最灵敏的物理装置也无法直接探测到。

岩石中的潮汐运动要比水中的潮汐运动小 4 倍，这个观测到的事实表明，我们的地球的硬度是相对比较大的。另外，利用弹性理论，我们能够用这些数据计算出地球的整体硬度。英国著名的物理学家开尔文勋爵（Lord Kelvin）率先得出了结论：地球主体硬如钢铁。如上所述，这一结果并不与这样一个事实相悖：应对持久的较弱力量时，我们的地球就像是一个柔软的塑性物体。

---

① 这些值是在太平洋一个孤岛观测得来的，这个岛非常小，不会明显影响海水的运动。

地震有什么好处？

将我们与地球炽热的半熔融的内部隔开的，只是一层非常薄的岩石外壳，就像苹果的表皮隔开了我们与苹果肉一样。想到这一点时，我们就不会奇怪为何地表的居民常常接到这样的提醒：在平静的森林和蓝色的海洋下面存在着一个"真实的地狱"。

可怕的火山爆发，喷射出几千吨燃烧的熔岩和火山灰，足以埋葬整座城市。（还记得庞贝古城的悲惨命运吗？）除此以外，地下的扰动经常以全世界都能感受到的、地壳剧烈振荡的形式出现。

历史上，里斯本市和墨西拿市都曾被剧烈的地震震得四分五裂；好莱坞的电影也生动地向我们展示了旧金山市地震时的惨象；报纸也报道了发生在智利、土耳其和罗马尼亚的地震；日本更是与几乎持续性的一系列地震联系在一起。

如果我们想起所有这些地震以及其他类似的大灾难，都发生在地球整个生命周期的瞬间，我们就会意识到，地壳其实远不是我们一开始所想象的"安全而坚固的大地"（见书后插图9A）。

这些现象在地质学上被称为构造现象，它们根源于地球的稳定收缩和冷却。本书后文中我们将会详细论述，正是地球的收缩导致地表岩石层形成了许多褶皱——也就是山脉。这种褶皱运动时不时会大规模出现，在以前平坦的大陆表面形成了层峦叠嶂的山脉。最近一次这样的灾难性事件发生在2 000万年至4 000

万年之前，形成了喜马拉雅山脉、阿尔卑斯山脉、落基山脉和安第斯山脉。

纵观整个地球历史，2 000 万年或者 4 000 万年的时间根本不长。因而，我们也无法确定最近的这次造山运动是否已经完全终结。恰恰相反，若将过去 4 000 万年发生的事情与类似的更久远的演化时期相比较，我们会发现，这次造山运动还没有到达高潮。而现在这个时代，也许只是夹在两个持续构造活动活跃期之间的短暂喘息。

但即使是现在，地壳较弱的部分偶尔也会发生错位和挤压，大量岩浆仍会从岩石外壳偶尔出现的裂缝中喷射而出。所有这些过程都必然伴随着地壳应力平衡的剧烈扰动，而这种扰动以强烈的地震波的形式在地球内部传播。

在图 23 中，我们标识了地震活动的主要地带，从中可以看到，最明显的地震活动发生在环太平洋的环状区域，这个环状区域就是以活火山数量多而著称的"火之环"。如果我们还记得地球身体上那道古老的伤疤正是完全不同的物质（玄武岩和花岗岩）的交界处，那就不难理解为何这条线的沿线区域恰好就是地壳的相对薄弱之处了。

尽管地震会造成千上万人死亡和成百上千万美元的财产损失，让人实在开心不起来；但对研究地球的人来说，地震却是了解地球内部的最佳途径，作用很大。尽管地震往往发生于地表以下 50 千米以内相对较浅的岩层，但是地震波却可以辐

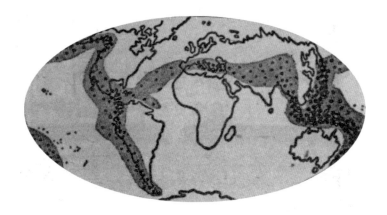

图 23　目前地震活动的主要地带

射整个地球。发生强烈地震时，全球范围都会有明显的震感。但若是距离震源特别远，那即使是最剧烈的地震也只能通过一种非常灵敏的仪器——地震仪——来探测。

　　地震仪运作的基本原理是惯性定律——任何处于静止的物体都倾向于保持静止。地震仪系统有很多种类，其中一种如图 24 所示：一个重物 A 在几乎没有摩擦力的情况下绕着垂直杆 B 移动。如果安装此装置的地面受地震影响做垂直于记录平面的运动，重物 A 会因自身巨大的惯性保持不动，与重物相连的支架相对重物的位移会被转轮 C 记录下来。如果将两个这样的装置彼此垂直放置，我们将会得到地震引发的水平位移的完整信息。当然，还有其他的地震仪，可以用来记录地面的垂直振动和朝着某个特定方向倾斜程度的突然变化。

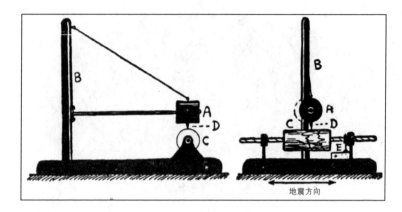

图24　一个简单地震仪的示意图

　　A: 垂直杆上悬挂着的重物。B: 垂直杆。C: 转轮。D: 记录笔。E: 钟表装置。钟表装置驱动转轮旋转，通过记录笔将地震波动记录下来。箭头表示地震方向。

　　说到固体中的弹性波，我们需要识别其中两种不同的类型，即"P波"（压力波）和"S波"（剪切波）。从图25给出的示例中，可以很容易看出这两种波之间的差异。如果我们用锤子击打铁棒的一端（见图25a），铁棒会在冲击力的作用下压缩，这种压缩会沿着铁棒以压力波的形式传播。铁棒的不同部分会沿着波的传播方向周期性地来回运动（如图中小箭头所示），因此我们也把这种运动称为纵波。

　　如果敲击铁棒的侧边来使其末端振动（见图25b），我们将得到另一种不同的波。锤击引发的变形不是使铁棒压缩，而是使铁棒某些部位发生相对位移。这种变形被称之为剪切变形，也会沿着铁棒传播，只是其中各部分的运动方向与波传播的方向垂直，我们称这种波为横波。从这个描述中，我们可以知道，纵波可以

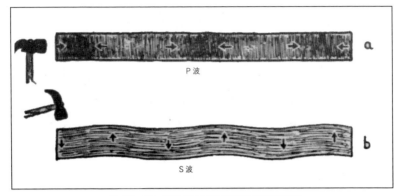

图 25　在一根铁棒上展示出来的纵波和横波

　　在上面的长条中，较深的区域为收缩的部分，较浅的区域为扩张的部分。所有的位移都是放大后所得。

在液体、气体以及弹性固体中传播，[①] 横波只能在固体中传播。

　　波的传播速度取决于给定材料对波所产生的变形的阻力。由于在任何给定的材料中，抗压缩阻力和抗剪切阻力的大小都是不同的，所以这两种波一般会以不同的速度传播。事实上，在大多数已知的固体中，压力波的传播速度要快于剪切波的传播速度。如果我们击打铁棒的任意一端，两种波会同时产生，铁棒的另一端会首先开始在其长度方向上振动，在几分之一秒后，横向振动才会加入这一运动。

　　同样，当地震扰动从震源处通过地球的弹性体传播时，首先到达的总是 P 波，在短暂的间隔之后，较慢的 S 波会发动第二次冲击。这里必须指出，两种地震波的符号"P"和"S"实际上

———————————

① 普通声波是一种最常见的纵波。

源于它们到达的先后顺序的单词的首字母：早到的被称为"初级（primary）波"，晚到的被称为"次级(secondary)波"。初级波是压力波（pressure）或者叫推动波（push），而次级波是剪切波（sheer）或者震荡波（shake），可以说纯粹是语言学上的巧合。

地震仪记录的典型震动图中，两组独立的震动波清晰可见（见图26）。这幅图还显示，每组震动波由3个独立的子震动波组成，分别称之为"P波""P-star波""P-bar波""S波""S-star波"和"S-bar波"。既然地震波只有两种类型，那我们就不得不猜想，这些不同的子震动波就是同一种类型的震动波沿着不同长度的路径在传播。

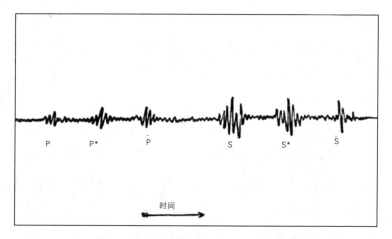

图26 在地震到来的最初几分钟内，有6个连续的脉冲到达。

为了将这个情境说清楚，我们假设有两个村子，两村之间有一条笔直但路况却非常糟糕的乡村小路；有一条比较好的公路，但并不笔直连通两个村子，想要走公路的人必须多走一段路；还有一条宽阔的混凝土公路，但是要绕更远的路才能到达。现在想象一下，有3辆车，品牌型号相同，车况相同，由具有相同驾驶技巧的司机驾驶，同时从一个村子出发，都要尽可能快地到达另一个村子。

第一辆车的司机只想走最近的路，于是走了乡村小路，尽他最大努力以48.3千米/小时多一点的速度在乡村小路上颠簸前进。第二辆车的司机选择了公路，尽管路程较远，但因路况较好，他还是比第一辆车的司机早到。然而当他到达时，发现第三辆车的司机正在当地的杂货店里喝可口可乐呢。这位仁兄选择了混凝土公路，尽管他得绕了更远的路，但他仍然是最先到的。

如果我们用地震波来代替汽车，用地球表面的3种地层来代替3条道路（见图27），那么图26所示的地震图的意义就变得十分清楚了。糟糕的乡村小路对应着由侵蚀产物形成的薄沉积层——覆盖了大陆的大部分表面；路况较好的公路对应的是由原始地壳形成的50千米厚的花岗岩层；混凝土公路对应的是更里层的较重的玄武岩层。

对岩石弹性性质的测量结果表明，地震波的传播速度在沉积层中最慢，在玄武岩层中最快。这其实在意料之中，因为岩石的硬度随密度的增加而增加。为了完整地进行类比，还需要加上3辆卡车，用来代表运动较慢的S波。它们与之前的3辆汽车（代表P波）同时从一个村子出发，同样选择了3条不同的路。

通过研究不同的地震波到达距离震源不同距离的大量观测站的时间，我们不仅能够确定各地震波的速度，而且能够得到"道路

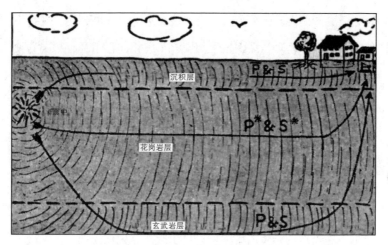

图27　地震波能够到达观测站的 3 种途径

的长度"，在这里对应地表下不同岩层的深度。

在图 28 中，作为示例，我们给出了一个小地震波到达不同地点的时间图表。该地震波的震源位于英格兰赫里福德附近，一直延伸到瑞士。在这个图中我们注意到，在上面提到的沉积层、花岗岩层、玄武岩层中，纵波的传播速度分别为 5.6 千米 / 秒、6.7 千米 / 秒和 7.8 千米 / 秒，而横波的传播速度分别为 3.4 千米 / 秒、3.6 千米 / 秒和 4.3 千米 / 秒。我们还注意到，代表不同子地震波的线在离震源大约 100 千米处会相交，这就意味着在距震源更近的距离内，P-bar 波和 S-bar 波（即那些穿过沉积层的地震波）会更快到达。

这是为什么呢？我们还是回到之前的类比。事实上，如果两个村庄距离很近，那么仅仅为了走几千米的好路而绕一个大弯是非常愚蠢的。对地震波更加详细的研究表明，花岗岩 – 玄武岩边界之下还有另外一些地震波中断了，放在前面的例子中，正好对应几条连接两个村子的、距离更远的"高速公路"。

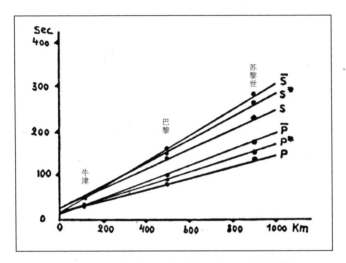

图 28　震源位于赫里福德（英格兰）的地震到达不同地点的时间

地心深处

在上一节中，我们讨论了地震波在相对较短的距离内，沿着构成地球外壳的不同岩石壳传播的问题。如果地震强度很大，在全球都能监测到的话，那么地震波自然也会直接传遍地球本身。

对地震波到达地球不同观测点情况的研究，能让我们的智慧之眼透过地球外壳观察到地核。这种对远距离地震的监测揭示的最引人注目的事实是所谓"阴影区"的存在。阴影区是指地表一块宽阔的带状区域，在此区域中，几乎不会有震感。例如，如果震中在秘鲁（见图29）的某个地方，整个西半球都会有强烈的震感，东半球与震中相对的区域（即印度、中南半岛以及东印度群岛）也会有震感。然而，在由北西伯利亚、欧洲大部、西非、印度洋南部、澳大利亚东南部以及太平洋西部组成的带状区域内，观测站的地震仪却没有任何反应，好像什么事都没发生一样。

图29　以秘鲁为震中辐射出的地震波形成的地震阴影区（阴影区的边界被放大了）

这个令人惊异的结果，是地震波通过地心深处时发生特殊折射而产生的。我们用一个球形鱼缸和一束光线就能将这种折射展示出来。如果将鱼缸装满水，靠墙放置，用一束光照亮鱼缸（见

图 30），我们就能观察到一片环状阴影区，其中心有一个特别明亮的光点。我们很容易发现，这个鱼缸就像一个不完美的光学透镜，将所有落在它表面的光线都聚集到了阴影区的中心位置，四周则一片黑暗。

如果我们假设地球的中心部分是由球状核构成的，且对弹性波的折射率比周围地幔的折射率高，就可以用上述方法来解释地震时的阴影区现象。穿过这个地核的地震波，会同穿过鱼缸的光线一样发生折射，然后聚焦于地表正对着震中的地方。

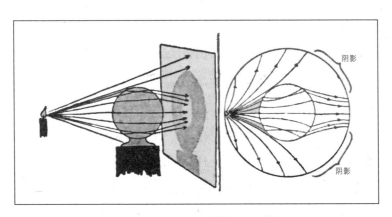

图 30 地球铁质内核形成的地震影区的演示

根据观察到的"阴影"面积，我们可以计算出这个中心折射核的大小：它约占地球半径的一半（更确切地说是 3/5）。地核的高折射率表明，它一定是由比周围地幔密度大得多的物质构成的，这与已知事实完全一致。也就是说，地球的平均密度（从其总质量和总体积估算而来）远远高于其表面岩石的密度。通过研究地震波在地核中的传播，我们可以得到有关地核的物理及化学性质的一些非常重要的结论。

首先，根据波的传播速度，可以估算出地核的密度是水的密度的 10~12 倍。这个结论强有力地支持了一个假说，即我们地球的中心部分，约占整个地球总体积的 1/8，且几乎全部由纯铁组成。读者可能还记得，从行星际空间落到地表的陨石，很可能是一些破碎行星的碎片。这些陨石分为两类：一类是铁陨石，纯铁含量高达 90%；另一类是石陨石，化学成分类似于地球表面的火成岩。[①] 这就清楚地表明，这两类陨石之所以有差异是因为它们来自那颗不幸行星的不同深处。

其次，对可通过地核传播的弹性波的类型进行观察，也能验证地球铁质内核的第二个特点。与地球其他部分不一样的是，地核似乎无法传输剪切（横）波，只有压缩（纵）波能通过。这表明铁质地核是以液态形式存在的。它不是具有黏性的塑性物质——就像形成地幔的岩石一样——而是一种流体状态，类似于从我们钢厂的高炉开口处倒出的铁水。上文我们讲过，在高压之下，材料会具有弹性特质。同理，铁原子可能比构成岩石的各种不同化合物分子还要光滑，因此，即使受到强烈的挤压，它们仍能保持流动性。

----

① 陨石的构成与地球表面被侵蚀过程中形成的沉积岩相似，虽从未被证实，却是预料之中的事，因为沉积层只占行星总质量微不足道的一部分。

总体来说，地球主体是由许多不同材料的同心壳体按密度递增的顺序排列而成的。外层是一层薄薄的、由固态花岗岩和玄武岩组成的坚硬地壳，中间是厚厚的、半熔融状态的塑性玄武岩和较重的岩石，中心层是熔融状态的铁芯（见图31）。高尔夫球运动员可能会把我们地球的结构和高尔夫球的结构进行比较，高尔夫球有一个又薄又硬的外壳，还有一层厚厚的橡胶层，最后还有一个由类似于蜂蜜的物质填充的中心核。[①] 在地球还很年轻时，

图31　若切开地球的固态外壳和塑性地幔，就能看到中心的铁质内核。

———————

① 沉积层和土壤层就相当于覆盖在高尔夫球表面的灰尘。

即在它还是液态甚至是气态的时候，就开始了内部各物质的分离，较重的部分，特别是铁，轻而易举就能下沉到中心。除非地球受到意想不到的其他天体直接或间接的碰撞而支离破碎，否则它将永远如此。

指南针之谜

在与地球内部结构有关的我们这颗星球的所有特性中，地球磁场的存在是最著名、最神秘的现象之一。几千年前的中国人就发现：用特定的方法处理铁针，铁针就可以指示两极的方向。这些铁针后来与许多其他东方珍品一起，由马可·波罗（Marco Pole）带到欧洲。对地表磁场分布的研究及其随着时间会发生周期性变化的研究，是许多海洋研究机构和纯科学研究机构研究的重点。其中，德国著名数学家卡尔·弗里德里希·高斯（Karl Friedrich Gauss）对地球磁场进行的数学化描述填补了许多空白。

然而，迄今为止，我们仍然不知道地球磁场的成因，而且根据我们对地球内部性质最大限度的了解，它根本不应该存在！事实上，对铁、镍等不同物质磁特性的研究证实，只要这些物质被加热到所谓的居里点以上，磁化的痕迹就会完全消失。鉴于地球内部的温度远高于居里点，我们很难认定观测到的现象就是永久磁化的结果。

所以，人们自然会认为地磁来源于地球的铁质内核。可这种观点根本站不住脚，因为地震学上的证据似乎表明这个铁质内核几乎完全是熔融的。当然，在极高的压力之下，熔融的岩石可以转变成塑性物质；同时，铁和其他物质的磁特性也是可以改变的，而且即使在高得多的温度下依旧能保持磁性。华盛顿卡耐基研究中心制作出来的一个精致的压缩机，可以在高达22万个大气压（相当于在地下480千米的深处承受的压力）的情况下研究物质的特性。这个设备可以为我们在此方向上的研究提供一些启示。然而，即便地底深处的物质的确拥有磁性，人们观测到的磁场的成因依然悬而未决。

另一组试图解释地磁现象的假说认为，地球并不是在很久以前由未知力量形成的"永恒磁体"，而是由流经地球本体的某种电流供电的"电磁体"。然而问题是，这些电流又是哪里来的呢？人们以往在这个方向上做出的所有努力，包括好几个最近的研究，[①] 都没有找到一个满意的答案。

因此，我们不得不承认，我们仍旧不知道为什么磁针总是指向北方。当然，水手们应该很高兴，尽管几乎所有的理论研究都表明罗盘确实不应该发挥作用，但它仍然好好地做着自己的工作。

---

① 埃尔萨瑟（Elsasser）试图用地球内部的洋流对流来解释地磁。根据他的观点，地球深处的对流洋流使地壳受热不均，从而引起沿赤道流动的热电流。然而，地球上的洋流对流速度似乎太慢了，无法产生预期的效果。

　　毫无疑问，要最终解决"磁针之谜"，并不需要我们完全推翻现有的物理定律或颠覆对地球结构的认知，问题的难点在于我们脚底下不寻常的物理条件导致我们看到的现象复杂多变。

第六章

山脉的起伏

地球的冷却

根据前几章中描述的地球诞生的过程我们知道，地球这颗年轻的星球一开始是气态的，随后成为熔融的液态，因此它的构成物质可以很轻易地通过对流移动位置。正是在地球历史的这个时期，较重的元素，特别是铁，下沉到地球中心区域；而较轻的物质，如玄武岩和花岗岩，上升到地表，形成了目前我们所观察到的地球的同心圆外壳。

在这些物质的对流时期，地球也在迅速冷却——来自内部的大量热物质向表面上升，在其因热量辐射到周围的空间而冷却后，又向中心下沉。地球幼年时期的这种快速冷却，使其构成物质的黏度不断增加，对流运动的速度不断减缓。最终，当地球内部的热物质带到地表的热量再也无法弥补其辐射造成的热量损失时，固体地壳便开始在地表形成了。

正如前文所述，地球的固体地壳很可能是在地球和太阳分离后的几千年内形成的。月球的诞生使地壳分裂成几大块碎片，其中一些被带走，形成了我们的卫星。但是，这样的小事故只会在极短的时间内阻碍地壳增长，月球脱离地球后不久，地球刚裸露出来的熔融状态的玄武岩表面就又凝固了，同时也锚定了原有地壳中的花岗岩碎片。

地球构成物质黏度的增加和固体地壳的形成，在很大程度上延缓了地球的冷却过程。如今，热量只能通过更加缓慢的热传导输送到地表，在这种情况下，地表温度的变化就完全由白天太阳照射到地球上的热量决定了。与此同时，海洋盆地则被水填满了。

尽管地球的冷却速度变得非常缓慢，但依旧向地表以下越来越深的地方推进着，并且正如我们所知，固体地壳的厚度增长到了惊人的40千米~50千米。

影响地球冷却过程的一个重要因素，是通过岩石外壳逸散出来的热量有多少。要估算出该数值的大小并不难，因为我们知道岩石外壳每千米之间的温差为30℃，而且岩石外壳的导热系数可以被测量到。根据已知信息计算可知，从地下传递到地表每平方厘米的热量是极低的——比同样面积因太阳照射得到的热量值要小3 000万倍。

如果我们在地球表面放一杯冰水，并将它与太阳光隔离开，让它只能吸收来自地底的热量，那么大约需要30年的时间这杯水才能沸腾。如果所有从地壳传递出来的热量，都来自地球内部的冷却散热过程（本章下一节将会提到，大部分热量源自放射过程），那么地球要降温1℃，大约需要1亿年的时间。

这也就是说，因为地球的固体外壳是大约20亿年前形成的，所以地球主体的平均冷却温度至今不可能超过20℃！当然，我们明白，由于地球的冷却过程仅在地表发生，地球各处的降温幅度并不均匀，所以自固体外壳形成以来，地球内部深处的温度几乎没变，而地表薄层的温度却从岩石的熔点降到了如今的温度。

地壳的放射性

前文中我们提到过，在地壳传递出的热量中，有相当一部分不是在地球内部的实际冷却过程中产生的，而是来自微量放射性物质——它们在缓慢、自发的衰变过程中释放出的热量。组成地壳的岩石中含有一定量的铀、钍等元素，在第一章我们就说过，可以通过研究这些元素的衰变产物来确定岩石的年龄。

除了少数几种矿物质——如居里夫人用来分离镭的波希米亚沥青铀矿——其他岩石中放射性物质的含量都是极低的。例如，1吨普通花岗岩只含有9克铀和20克钍，而玄武岩中这两种元素的含量更少（每吨玄武岩中含有3.5克铀、7.7克钍）。另外，这些元素的亚原子能量的释放也都极其缓慢。1吨纯铀在30年内释放出的能量甚至不足以加热一杯咖啡。[①]

然而，尽管岩石中的放射性物质含量少、能量释放缓慢，但它们在维持地球的热量平衡中却发挥着至关重要的作用。据估计，仅地球外壳中的这些物质产生的热量，就占据了地表总热流量的绝大部分。

———————————

① 铀原子中储存的亚原子总能量是巨大的，从这个意义上说，1吨铀相当于100万吨质量上乘的煤。但问题是，这种能量释放过于缓慢，只释放一半的能量都需要几十亿年。

假如地球深处岩石中的铀和钍的含量与地表岩石中的相同，那么其放射过程中释放的总热量将远远超过当前人们观测到的流经地壳的热量。因此，我们推测，由于某种原因，放射性元素只存在于地壳相对较薄的外层，在地球内部则完全找不到它们的痕迹。事实上，铀、钍在里层玄武岩中的含量略低于外层花岗岩中的含量，这正好与上述推论一致。此外，对陨石的研究表明，铁陨石的放射性要比普通的石陨石低得多，因此，铁陨石必定是来自太阳系破碎行星的内部。

放射性元素高度集中在地壳外层，最有可能是因为在地球还处于熔融状态时，放射性元素在衰变过程中产生的热量使含有放射性元素的物质升温，而后上升到了地表。

不论怎样，现如今的科学研究都应该感谢大自然让放射性元素聚集在地球外层。若这些元素均匀地分布在地球中，它们在地表岩石中的含量就会比现在低数千倍，那么，很有可能直到现在，我们都发现不了放射现象。

地心有多热？

我们可以直接测量距离地面几千米深的地方的温度，但对地球更深处的温度分布却难以知晓；因为我们缺乏地球更深处的放射性元素分布的可靠数据，更不知道岩石在高压和高温下的导热系数。正如我们所知，大部分流经地壳外层的热量是由地壳外层岩石的放射性造成的，因此，在地壳较深处的热流一定会小得多，因为那里放射性物质的含量几乎为零。相应地，温度随深度的变化速率也应大大降低。

只要对放射性物质在地球外壳中的分布做出合理的假设，[①]并且假定地球内部岩石的导热系数与地表我们所测到的没有本质的差别，我们就可以计算出地表下任何深度的温度分布，而这是直接测量所不能完成的。

在距离地表几十千米的范围内，温度的上升是非常快的，但再往深处，温度的上升速度要慢得多。在地球内部，深度每增加1 000米，温度仅上升3℃（这比地球外壳的温度上升速度要慢10倍）。将这条计算曲线一直延伸到地心，我们会发现，地心大概有几千摄氏度，这大致相当于太阳表面的温度。需要说明的是，这种计算是不精确的，对于地心的温度，不同的人会给出不同的数值，而且差异颇大。

自地球开始冷却以来，地表温度至少已经下降了1 000℃，在离地表30千米的深处温度总计只下降了800℃，而在离地表400千米的深处地球物质的温度则差不多维持着固体外壳刚形成的样子。这表明自地球固体外壳形成以来，地球内部的温度几乎未变，冷却效应仅发生在地球的表层地壳。

———————

① 人们通常认为，地壳的深度每下降20千米，其中的放射性元素含量就会减少一半。

地球脸上的皱纹

在地球冷却过程刚刚开始时，就已经开始影响地表特征的形成了。这种影响如今仍在发挥作用，事实上，因为地球外壳从形成的那一刻起就是坚硬无比的，在地球里层的塑性物质不断冷却收缩后，外壳相对变得过大，最终无法与不断收缩的内层相匹配，于是就会像在烘烤过程中的苹果表皮那样起皱。

地球表面由于冷却而形成的各种褶皱和折痕，当然就是绵延起伏的山脉。它们为美化地球风景作出了巨大贡献（见书后插图9B），这一点不用说读者也知道。

通过前文我们已经了解，自地壳形成以来，地表温度下降了大约1 200℃，而在距离地表400千米的深处，温度却几乎没有变化。因此，我们可以说，地表以下400千米厚的岩层自地壳形成后"平均冷却"了600℃。根据已知的岩石热膨胀率，我们可以断定：这样的温度下降致使冷却层的体积收缩了约6%——由于冷却层的大部分物质仍处于塑性状态，冷却过程必然会让这些塑性物质重新分布，而且该物质层的厚度也会随其体积变小而成比例地减少。

假设冷却层的总厚度为400千米，我们会发现它的厚度一定减少了约24千米（400千米的6%）；同时，地球现在的周长也比固体地壳刚形成时大约缩短了150千米，总表面积则减少了约

400万平方千米。

由于可以假定整个地球历史上固体地壳的平均厚度约为25千米，[①]所以我们认为，至少有1亿立方千米的固体岩石以各种山脉和高原的形式被推升至地表之上。即使考虑到大部分岩石物质已经沉入地下的塑性物质中，我们仍然可以肯定，这些浮出地表的岩石的数量不仅足以解释地球上现存的所有山脉，而且足以解释形成于地质时代、但目前已经完全从地表消失的所有山脉。事实上，这些多出的岩石的体积大约相当于整个大陆（包括所有的山脉、高原和洼地）凸出海平面以上的体积。[②]

然而，上述推论并不意味着地球的冷却收缩过程是形成山脉的唯一因素。在某些情况下，地表的褶皱还有可能是因为地壳的局部运动引起的，例如由于沉积物累积重量增加而形成褶皱。这种次生山脉的形成必然只在局部地区发生。毫无疑问，横贯地表的巨大山脉的形成多数是因为最普遍的冷却过程。

---

① 这里的25千米，取的是目前地壳的厚度约50千米和地壳形成之初的厚度0千米之间的平均值。

② 根据各大洲的已知面积和平均海拔（亚洲：4400万千米×0.96千米；欧洲：1000万千米×0.34千米；非洲：3000万千米×0.75千米；北美：2400万千米×0.72千米；南美洲：1800万千米×0.59千米；澳大利亚：900万千米×0.34千米；南极洲：1400万千米×2.2千米），我们发现，海平面以上大陆的体积约为1亿立方千米。

造山运动的细节

为了更详细地了解山脉的形成过程，尤其是在整个地壳震动和碎裂的运动时期陆地和海洋的活动，我们首先要记住，地表由两种完全不同的岩石构成，即构成大陆的花岗岩和构成海床的玄武岩。

实验室研究表明，玄武岩比花岗岩的强度大得多，由此可推断，山体发生褶皱时造成的碎裂主要局限于大陆地区。这与观测得到的证据一致，即造山运动主要局限于大陆表面。此外，地球固体地壳中最薄弱的地方显然位于花岗岩层和玄武岩层的交界处，这就是沿大陆海岸线的区域火山活动和造山活动十分明显的原因。特别是环太平洋盆地区域布满山脉和活火山（火环），显然是因为月球的诞生，使这里的地壳相对薄弱。

图 32 简单地描绘了花岗岩大陆块受挤压的变化过程。它处于海洋底部，四周都是坚固的玄武岩（见图 32a）。受挤压后，花岗岩层起初显然会缓慢弯曲，表面随之隆起，从而高出周围的海平面（见图 32b）。在这个"弯曲"上升的过程中，大陆的中心区域显然处于不均衡状态，隆起部分的重量很大程度上是靠大陆上坚硬的岩石来支撑的。

随着地球冷却和压缩的继续，陆地弯曲度逐渐增加，地壳的内应力也越来越大，最终达到花岗岩的断裂点——形成地壳的岩

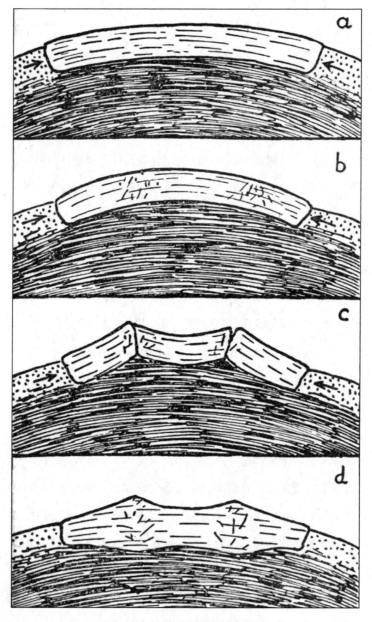

图 32　由于大陆地块收缩而形成的山脉

石因不能抵抗地壳不断增加的压力而断裂、破碎，"穹顶"开始向内凹陷（见图 32c）。当然，大陆穹隆的这种坍塌过程非常缓慢，因为它是受下层塑性物质的挤压发生的，而如前文所述，地球的黏性塑性物质层中所有的运动都十分缓慢。因此，可能需要数百万年的时间，大陆中部的隆起才会恢复到最初的状态；而当其最终达到这种状态时，由"溢出"物质形成的碎裂的、褶皱的岩石所形成的山脉便形成了（见图 32d）。

我们知道，在地球冷却过程中，地球的周长总共减少了 150 千米，这大约是赤道总长度的 0.5%。如果取一块花岗岩，用液压机对它进行高压压缩，我们就会发现，岩石受挤压收缩时，只有 1/5 会裂成单独的碎片。很明显，在地壳持续收缩的几十亿年里，组成大陆的花岗岩块应至少被连续挤压了 5 次。因此，造山运动至少有 5 个重大的时期。

由于玄武岩的强度较大，在很大程度上，地壳压缩仅局限于大陆地块，而且花岗岩层中一定会有一些地方的岩石强度低于平均水平。[1] 如果算上这一点的话，我们至少要把这种高级构造活动时期的总次数翻一番。

我们将在第七章中看到，历史地质学的发现与这些关于山脉形成过程的周期性结论，以及本章描绘的大陆穹隆的形成和崩塌的总体情况是一致的。

---

[1] 例如大陆内部古老的裂缝处和海岸线附近。

倒置的山脉

当我们看到一座高出周围平原几千米的高山时，我们会认为它就像工程师建造的人工山一样，不过是地表巨大岩石的堆积物。100 多年前的地质学界普遍认为，山脉完全是地球的一种表面特征。直到最近人们才认识到，任何山脉的主体都位于地表之下。

这些"山脉之根"深埋于地下，是人们在研究山体重力对悬挂于山体相对两侧的两个钟摆的作用时发现的。根据万有引力定律，山体的巨大质量会使钟摆偏离垂直方向，偏离角度与山的大小成正比。当然，在这种情况下，"垂直"一词不是指一条铅垂线，而是指观测恒星时所给出的一个固定的空间方向。首次进行这种测量的科学家们惊讶地发现，虽然靠近一座山会引起钟摆偏差，但实际观测到的偏差竟然比根据山的大小所预测的要小得多。[1]

以珠穆朗玛峰为例，观测偏差比根据其巨大质量预测的偏差要小 3 倍左右；比利牛斯山似乎是在排斥而不是吸引钟摆！预期引力的消失清楚地表明，在山体内部或山体下方，有一部分质量

----

[1] 当然，根据牛顿定律和从山的体积及其构成岩石的密度得到的表观质量，可以很容易地计算出预期偏差。

丢失了。这就引起了人们关于空心山体的假设：好比扣在桌子上的半个鸡蛋壳（见图 33a）。

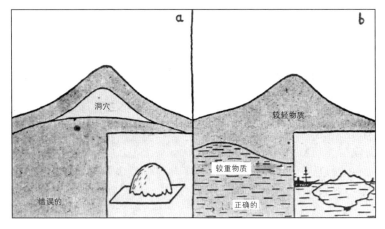

图 33　山体结构的"鸡蛋壳"理论和"冰川"理论

　　如果读者朋友仔细研读了我们的观点，一定会知道，以我们目前对地壳性质的了解，这种"蛋壳"假说很难站得住脚，而山体之下物质明显缺失的真正原因，是地壳因物质堆积、受重增加发生了变形。

　　按照当前的说法，地表山脉的构造类似于极地冰场上由冰的压缩而形成的冰山的构造。每个北极探险者都知道，当冰块因受挤压而破碎并堆积在一起时，大多数的冰会下沉到水下，其余的则漂浮在水面上。因此，当北极熊看到水面上升起一座冰山时，在水面下游泳的海豹则会看到一个扎入水下的更大的凸出物。同样，每一座高出地表的山，都对应着一座"负山"，由凸出到玄武岩下层的塑性层中的花岗岩构成。

根据阿基米德定律，浮体的重量等于浮体所排开的液体的重量。因此，在均衡状态下，山体的抬升并不意味着该地区物质的质量增加。

与其问"为什么山体对钟摆的影响不与地表以上山体的质量高度相关"倒不如问"为什么会有偏差"。要回答后一个问题，我们须谨记，虽然坚实的地壳不足以支撑整座山体，但它仍然具有足够的弹性，可以避免山体像落在塑性地基上那样下沉得那么深。

因此，相比绝对均衡状态下的高度，山体会稍微升高一点；而山体上悬挂着的钟摆也会出现与垂直方向的些许偏差。我们还应该记住，如果是一些质量较小的小山或者丘陵（比方说一些"人造山脉"：埃及的金字塔或者纽约的摩天大楼），地壳根本不会弯曲变形。在这种情况下，钟摆的偏差就正好与多余物质（地表之上的山体）的质量相关了。

地壳弹性也阻止了"负山"成为地表之上相应海拔高度的山脉的镜像。可以想象一下，如果有一个登山者在阿尔卑斯山脉深处的塑性玄武岩中穿行，那么他是不可能找到任何类似于倒立的圣母峰或马特洪峰的景物的，也许他只能在玄武岩层下面几千米的地方，找到一大片凸入玄武岩的、表面光滑的花岗岩。

雨水和山脉

我们不止一次提到过，海平面以上的大陆地块，特别是因地壳破碎而形成的高山，在雨季来临时，会不断遭到雨水的破坏——这些倾盆而下的雨水将大量已经溶解的以及受机械侵蚀形成的物质带入了周围的海洋。

我们还说过，随着大陆受侵蚀而流入海洋的盐累积达到约2 000万立方千米。如果我们能够从海洋中将这些盐全部提取出来，并将其均匀地撒在地球的陆地表面，那其厚度将高达135米。但花岗岩中的盐分含量其实特别少（约5%），因此，如果想要冲刷出与现有海水中含量一样多的盐，雨水就得侵蚀掉至少2 000米厚的花岗岩层！盐从岩石中析出后溶解在海水中，而受侵蚀产生的其他产物，如沙子和砾石，则沉积在海岸线附近的海底或内陆海洋的底部，不断增加着原有沉积岩层的厚度。

雨水可以冲刷掉数百千米厚的大陆表面，将最高的山脉夷为平地。如果我们还记得这一毁灭性过程持续了相当漫长的时间，上述观点听起来就不会那么奇怪了。

对被河流冲走的泥浆量的直接测量显示，每年仅仅美国这一个国家的陆地表面流失的岩石物质就多达8亿吨。雨水的侵蚀使陆地的平均高度每年降低 0.02 毫米。[1] 自从哥伦布第一次踏上新大陆的海岸以来，被带入海洋的地壳外层总共约有 10 厘米厚了。

雨水的侵蚀造成了地表的一些奇特地貌，如南达科他州的荒地、由不起眼的河流和小溪在坚硬的岩石中"开凿"的深深的峡谷。由于地表由各种岩石组成，这些岩石对水的破坏作用具有不同的抵抗能力，所以裸露的地表常常会形成一些奇异的景观。比如一个名为魔鬼塔的奇特结构，那些沿着美国 9 号高速公路驾车穿过南达科他州的旅行者都对它很熟悉。从前这个地方是一座宏伟的火山，是地下大量熔融岩浆的出口；后来这里的火山不再喷发，填满火山口的熔岩凝固形成了一根高耸、笔直的玄武岩柱。无数次火山喷发带来的火山灰则形成了火山锥。几十万年来，雨水年复一年地冲刷着这座死火山，终于把这个火山锥的外围成分冲刷掉，剩下的塔状部分仅仅是最初凝固的熔岩柱。由于玄武岩比构成火山锥的材料更能经受侵蚀，所以雨水可能需要再花几十万年的时间才能完全清除掉这座火山残存的遗迹。

奔流而下的湍急溪流对山脉的侵蚀速度比对平原的侵蚀速度要快得多，由此我们可以预测到，雨水会抹杀地壳碎裂造成的所有特征，将大陆表面变成广阔的低洼平原。然而，必须指出的是，要冲刷掉一座山，雨水要做的工作比看起来要多得多。因为上述均衡调整状态一直在进行，所以一座山体被急流冲走时，新

---

[1] 当前高山时期的这一侵蚀速度，比之前陆地被淹没时期的速度要快好几倍，那时大部分高山已经被冲走了。

的岩石会从下方缓慢升起，这就又给水流带来了额外的工作。要想从地表彻底移走整座山，不仅需要移走它显而易见的凸出地表的部分，还要移走它深入地壳中的"根"。如果某个野心勃勃的铁路公司要在山区修建一条新的铁路线，并打算不只是挖一条穿山隧道，而是想要移走整座山的话，那么，即便它完成了这个巨大的工程，由此获得的好处也只是短暂的。因为几十万年后，一座规模稍小的新山将在同一地点再次拔地而起。

随着山脉的永久向上运动，地表的某些区域却因堆积了大量随溪流和河流侵蚀而来的物质在缓慢下沉。由于山脉主要是沿着大陆的海岸线隆起的，而且山体的雨水会沿着山体两侧流下，所以地壳的这些下沉区域明显就是海底与大陆的接壤处，以及形成于陆地内部较低洼处的浅海的海底。图34是典型的大陆均衡调整的示意图，这里的均衡调整完全是由雨水引起的。我们已经说过，由此过程引起的地壳变形，可能会导致地表产生一些额外的褶皱和山脉。

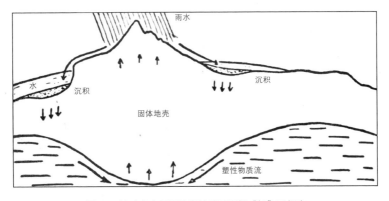

图34 这座山在受雨水侵蚀后又重新"长"了起来

　　我们用观测到的剥蚀速率能估算出，雨水在造山运动时冲刷掉一座山的速度，要远远快于在两次造山运动的间隔期冲刷掉一座山的速度。因此，我们认为：在很长一段时间内，地表的许多地区都被浅海覆盖，因而是平坦且毫无特色的。而我们生活在当代是一件特别幸运的事，因为在这个相当短暂的时期内，上次造山运动中孕育的山脉依旧傲然挺立，为我们提供了欣赏美丽风景、攀登高山及滑雪的绝妙机会。

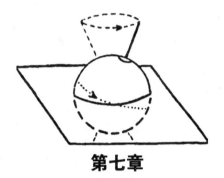

第七章

大 陆 的 演 化

美洲大陆在向远方漂移吗？

正如我们所知，构成七大洲的巨大花岗岩块，是在月球诞生过程中地球原始固体地壳破裂后的碎片。大陆海岸线都具有相似性（见图 35）强有力地证明，自月球诞生以来，这些地壳碎片的形状都没有本质上的改变。尽管欧洲及非洲的西部海岸轮廓可以与南北美洲的东部海岸轮廓相契合，但是目前它们之间隔着宽约 6 400 千米的大西洋。澳大利亚大陆似乎向东南漂移了很远的距离，为印度洋的水域留下了广阔的空间；而南极大陆则向正南移动了，现在隐藏于厚厚的冰川之下。

如果一切属实，而且海岸线的相似性也并非巧合，那么我们面前立马就会出现一系列十分重要的问题。譬如，是什么力量导致了原始联合大陆的分离？这种分离又是何时发生的？各大洲之

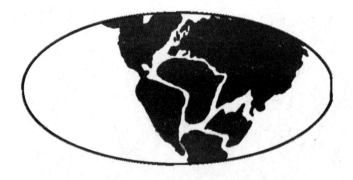

图 35　月球从地球分离后，地球原始固体地壳碎片的相对位置

间的距离还在增加吗？我们又是否可以预计，北美大陆正在向离欧洲大陆越来越远的地方漂移，且迟早有一天会用它不断推进的加利福尼亚侧翼撞毁日本群岛呢？

匈牙利地球物理学家罗兰·艾特沃斯男爵（Baron Roland Eotvos）首先发现了作用于大陆地块并试图改变其相对位置的力，他指出，这种力是地球自转的结果。鉴于构成各大陆板块的岩石中，相对较轻的花岗岩层漂浮在较重的玄武岩层上，我们可以断定，这些大陆板块会在某种离心力（或者更确切地说，是"离极力"）的作用下，逐渐朝赤道迈进。[1]

依据地球自转的速度，不难计算出在赤道拉力最强的中纬度地区，作用在大陆表面每平方米土地上的拉力约为 50 千克的物体产生的拉力。因此，以曼哈顿岛为例，如果有 5 000 艘像"伊丽莎白女王号"那样大的跨大西洋邮轮被系在炮台公园堤岸边，同时全速向南前进，那么它们作用在曼哈顿岛上的总拉力与这座岛受到的赤道对其的拉力相差无几（见图 36）。

很明显，当这几块大陆还在熔融的玄武岩海洋上漂浮时，赤道的拉力就在竭力使它们缓慢地漂过熔岩表面，以便最终均匀地

---

[1] 乍一看，地表已经呈现出与自转相对应的椭圆形，因此不应该有这样的力作用在浮体上。然而，我们不能忘记，浮体的重心比排开的水的重心要高，而这种高度上的差异导致了离心力的差异。这种现象与我们看到的漂浮在河中的轮船有点像。"轮船顺流而下时"［正如飞机设计师安东·福克（Anton Fokker）在鹿特丹附近的马斯河上首次注意到的那样］，尽管螺旋桨没有转动，但它的移动速度还是比河水本身快一些。

图36 如果有5000艘像"伊丽莎白女王号"那样大的跨大西洋邮轮被系在炮台公园堤岸边,同时全速向南前进,那么它们作用在曼哈顿岛上的总拉力与这座岛受到的赤道对其的拉力相差无几。

沿着赤道分布。由于大陆的碎片形状不规则,所以这些力所产生的运动一定非常复杂,到目前为止,还没有人试图从理论上重构大陆扩张的过程。然而,这些力的第一作用显然是使地壳的碎片彼此分离,并不断扩大它们之间已经存在的鸿沟。

假如赤道的拉力发挥了它的作用,并且完成了它的工作,那么地球的地貌将会相当奇特——由月球分离而形成的巨大的太平洋盆地将完全消失,大陆地块将形成几乎连续不断的赤道带,南北半球将会是两个巨大的海洋(见图37)。事实上,现在的世界版图并非如此,这就证明有什么东西阻止了赤道拉力完成它的工作。我们自然会这样认为:由于玄武岩海面迅速凝固,大陆板块漂移遇到的阻力增加,漂移速度逐渐变慢,并在到达最终目的地之前停止了。

我们知道,处于熔融状态的地球只存在了几千年,随后其表面就逐渐被一层快速变厚的固体地壳覆盖了。而熔融状态的玄武

图 37　若玄武岩海洋的冷凝未能阻止大陆的分离，那么今天的世界版图可能就是这样。

岩层一出现，就暴露在寒冷的星际空间，凝固速度一定会更快，因为先前的冷却过程导致地球外层的物质已经相当黏滞了。由于地球外层物质黏度的增加，大陆漂移的速度从一开始就不可能很快，而且玄武岩地壳（现在构成了海洋的底部）的迅速形成必然阻止了大陆的漂移，就像冬天来临时，日渐增厚的冰层会阻止极地勘探船一样。

　　毫无疑问，根据这些观点，大陆漂移必然在地球演化的早期就停止了，而且我们也很难想象，在海洋盆地充分冷却、被水填满之后，大陆板块的相对位置还会发生任何实质性的变化。"大陆漂移假说"最初由德国地球物理学家阿尔弗雷德·魏格纳（Alfred Wegener）提出。他认为大陆的运动贯穿了整个地质时代的晚期，直到石炭纪，欧亚大陆、非洲和美洲都是邻居。这种假说主要是为了解释这些大陆上的动植物在它们还在一起时通过迁徙而形成的相似性，但在如今看来，这是根本站不住脚的。

事实上，我们很容易计算出，作用在中纬度的一个中等大小的大陆板块上的赤道拉力，比来自这块大陆南海岸的海底玄武岩层的阻力小几千倍。当然，在地质时期早期，海底比现在要薄，而且因为那时地球的自转速度更快，所以海底的漂移力也更大。这是事实。但是，在地壳凝固之后，即使有这些修正，漂移力也几乎不可能造成多么显著的影响。

综上所述，我们有理由相信，目前各大洲的相对位置不会发生变化。不久以前，有人测量发现格陵兰岛与欧洲之间的距离在34年间（从1873年到1907年）增加了32米左右，这一发现引起了广泛关注。但近来更为细致的测量（1927年到1936年）却没有发现任何先前提到的漂移（哪怕更小一些）。因此，我们断定，前期的结果可能只是测量不精准造成的误差，这种漂移实际上根本不存在。

重构"沉积物之书"

虽然自海洋盆地凝固以来，大陆板块的总体形状和相对位置没有发生太大的变化；但由于山脉的不断升起和雨水的破坏作用，大陆的表面特征却处于不断变化之中。雨水不断侵蚀着山脉，并将山体受侵蚀的物质带入海洋。这些物质形成的沉积物，清晰地反映了山脉的形成周期及其随后被水流破坏的情况。事实上，这些沉积物的自然属性，在很大程度上取决于那些受侵蚀物质所在地表的自然属性。

在造山运动时期，如我们现在所处的时代，一座座高山拔地而起，机械侵蚀自然也非常迅猛。湍急的水流从悬崖峭壁倾泻而下，通过纯粹的机械作用，分解了体积较大的岩石，随之形成的沉积物中含有大量十分粗糙的物质，如砾石和粗砂。另一方面，在漫长的造山间歇期，当多数山脉因受冲刷而完全消失、大陆表面变得平坦而单调时，侵蚀速度逐渐减缓。那时，没有奔腾的山溪，没有喧闹的瀑布，持续落在地表的雨水在低洼的平原上奔流，沿着宽阔的河流缓慢进入海洋。在这个时期，化学侵蚀比纯机械分解更有效。

水在地表缓缓流淌，带走了岩石中的各种可溶性物质——主要是碳酸钙，被带到海洋中沉积下来，形成厚厚的石灰岩层——只留下细沙和黏土。

在地质史上，地球上有一些地方的沉积物总是在增加，持续不断地形成新的沉积岩（见图38），如果我们观察这些沉积岩层就会发现，它们的横截面看起来非常有规律：精细物质和粗糙物质呈周期性重复出现，正好对应于造山期和间歇期，因此，我们可以借此逐"章"重现地球演化的完整历史进程。

一本完整的"沉积物之书"无疑应该存在于沿大陆海岸线的海底，因为来自周围陆地的被侵蚀物质会在那里接连不断地沉积。但很可惜，目前地质学家还无法触及这些淹没在水中的地球历史的篇章。不过，内陆浅海中的沉积物，会因地面的上浮和上层物质被侵蚀而浮出地表，所以我们也只能从研究这些来自内陆

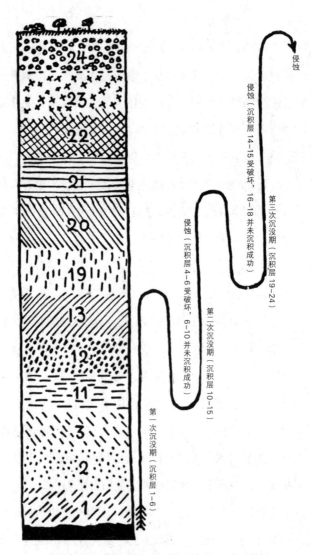

图 38　地面的周期性上升破坏了地质记录的连续性

浅海的沉积物中获得满足了。

在整个地球的历史中，由于大陆的表面一直在不规则地上下移动，而大陆之间的海洋也在不停地变换着位置，所以任何一个地方的沉积物所包含的记录都是不完整的。在图38中，我们描绘了一个曾经3次沉没于水底，现在却是干燥陆地的地区。假设在第一次沉没期，由河流携带的沉积物形成了6个连续的沉积层，我们用数字1-6来区分。[①] 在这些沉积层形成后，对应的地球历史造山间隔期的持续记录便留存下来，后来的地壳运动又将包含这些沉积层的地域抬高，使其暴露在雨水中，任雨水破坏。

在这块陆地升高时，沉积层的部分物质在风化作用下被带往别处，并与来自其他地方的物质混合在一起再次沉积下来。新的沉积层（7、8、9、10）在海底别处形成，沉积物在那里不断增加；原有位置的旧沉积层表面的物质随之消失，也就是说，最外面的3层（6、5、4）被彻底抹除了。因此，当这些沉积层再次沉没于水底时，第11层的物质会直接沉积于第3层之上。

进一步观察图38，我们会发现在这个假想的地点仅存的沉积层是那些编号为1、2、3、11、12、13、19、20、21、22、23、24的沉积层，其余的沉积层要么从未形成，要么被雨水侵蚀了。

尽管在任何一个特定的地方沉积的地层都只是"沉积物之书"中偶然散落的几页，但是我们可以通过比较那些在不同时期

---

① 这里的层数只是为了便于讨论而使用，并不对应于任何实际划分的地质时间。

被淹没的区域所发现的沉积物，完整地重构这本"沉积物之书"的副本。

当然，这项任务非常艰巨，但对于历史地质学来说，这个领域的研究又非常重要，已经成为一个重要课题。图 39 简要地展示了"重叠原理"，基于这一原理，我们可以利用那些四散的碎片重建完整的"地质柱"。在比较两个来自不同地区的不间断沉积过程产生的独立碎片时，我们发现，其中一个碎片的顶层有

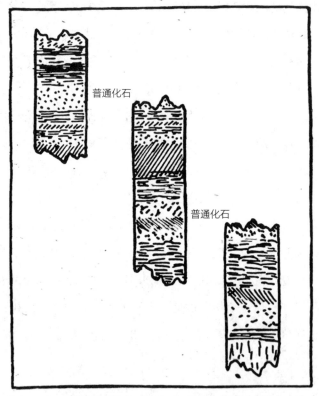

图 39 将"沉积物之书"中不相连的碎片叠在一起

可能与另一个碎片的底层性质相同。在这种情况下，我们必须承认，第一个碎片的顶层与第二个碎片的底层是同时形成的；将两个碎片放在一起，使出现在同一时间的沉积层重叠，我们就可以获得一个时间跨度更长的连续记录。①

但是，由于各种沉积物的纯物理和化学特征之间的差别不大，而且同一沉积物会周期性地重复出现，所以，如果沉积层中没有生活在相应时代的动植物化石残留，那么上述重叠的方法就不会给出太多结论。事实上，历史地质学的发展与古生物学（即古代生命的科学）的发展密不可分。结合古生物学与反映陆地及海洋完整历史的地质柱，我们也能获得生命进化的完整记录。

毫无疑问，随着时间的推进，要收集这些关于地球历史的零碎篇章并将它们整理汇编成一本完整的书，会越来越艰难。尽管"沉积物之书"的后半部分已相当完整，可前半部分的记录却十

---

① 人们在研究北美不同地区的史前印第安村落时，成功地使用了类似的重叠方法。那些村落大多位于湖边，人们在湖底发现了大量石化的原木，正是这些原木构成了曾经的村落建筑。而今，众所周知，树木横断面上那些如同人的指纹一样的年轮，显示了树木的年龄，年轮的图案取决于树木生命周期内的气候条件。在温暖多雨的夏季，年轮会显得宽厚；在干燥炎热的夏季，年轮则会非常细窄。因此，如果两根原木的年轮图案能部分重叠，那就说明这两根原木生长于同一时期（重叠周期）。将大量原木放在一起，我们会发现其中一些原木的外层年轮（在树被砍倒之前不久形成的）与另一些原木的中心年轮有重合；将它们都挑选出来，就有可能形成一个连续的"树柱"，时间跨度可达几百年。从这个"树柱"中，我们可以了解到这些树木被砍伐的具体日期。最有趣的是，还可以得到一个大致反映特定地区一段时间内气候变化的气象记录，当然在那个时间段内，"气象学"这个词还没出现。

分零散。在这些早期章节"成文"的时期，要么地球上还不存在生命，要么也只是一些不会在沉积层中留下任何痕迹的最简单生物体。正因如此，这本"书"前半部分的整理工作异常艰难。

而即便是完整的"沉积物之书"，也仍然有一个本质的缺陷：它完全没有年代记录。虽然我们可以说这一层是在另一层之前或之后形成的，但我们却不知道它们之间具体的时间间隔。为了得到地质事件的"时间"，我们有必要对不同类型物质的沉积速率进行非常详细但不精确的推测。很幸运，放射性元素的发现为我们提供了一种更简单、更精确的确定地质时间尺度的方法。

在第一章中，我们详细描述了通过研究火成岩中铀和钍的衰变产物的相对数量，来确定火成岩凝固时间的方法。如果将这种方法应用于由火山喷发所形成的岩石，以及偶尔在不同沉积层中发现的岩石，我们就能在"沉积物之书"的每一页上标注该页大致的"书写"日期，从而为该书画上句号。

"沉积物之书"的章节和段落

经过一代代地质学家努力重建的"沉积物之书"，无疑是一部内容最广泛的历史文献。与之相比，卷帙浩繁的人类历史不过是一本无足轻重的小册子。

如我们所知，被雨水侵蚀掉的大陆表层，其平均厚度约为 2 千米。然而，由于这些被分解的产物大多沉积在沿海相对较小的地区，所以地质柱的实际厚度要大得多。若将所有碎片叠在一起，那该地质柱最后的总厚度可达约 100 千米，其中一年时间对应的厚度约为 0.1 毫米。

如果我们把一年的沉积物看作"沉积物之书"中的一页，那么这一页的厚度将与任何一本普通图书中的一页厚度相当。这本"重构之书"大约有 10 亿页，即涵盖了 10 亿年的地球历史。可这厚度也只对应于地表演化的后期，因为很有可能还存在着数百万早期的碎片页，而且其中的大部分仍隐藏在地表之下。

当然，与普通图书相比，在"地球之书"的每一页中记载的历史并不多，因而，我们需要翻阅几十万页才能看到一些变化。对于人类的史书来说，亦是如此。尽管一年年的变化对处在这一时代的人来说意义非凡，但在整个人类进化的进程中，任何值得关注的变化都需要相当长的时间才会发生。

"沉积物之书"的第一个重要特点是，它和其他任何一本书一样，分为若干单独的章节，分别对应造山运动期和本书前文讨论过的两次造山运动中间的长期沉积期。该"书"中到底有多少章节？这个问题似乎很难说清楚，因为它最初的记录仍然十分零碎，只有最后 3 章涵盖了过去 5 亿年的历史，差不多讲述了一个完整连贯的故事。

鉴于这最后 3 章只占整个地球总寿命的 1/4，我们可以推算出，这本"书"总共包含 12 章。这与因地球冷却而导致的造山运动可能发生的次数相当接近。这本"书"的最后 3 章涉及地球上生命存在的整个时期，因而格外引人注目。这最后 3 章描述了地球历史的 3 个时期：古生代早期、古生代晚期和中生代。在这本"书"的结尾部分，我们看到了离我们最近的新生代的篇章。在地质学中，这个"最近"是指"约 4 000 万年前"，与所有章节平均的 1 亿到 2 亿年的长度相比，这个时间相对短暂，所以用"最近"这个词来描述是完全合理的。

以造山运动作为自然分界点，地质学家将地球的历史划分成若干章。除此之外，他们还将每一章分成若干小节。于是，古生代早期又被划分为寒武纪、奥陶纪和志留纪，而中生代被划分为三叠纪、侏罗纪和白垩纪。这种划分完全是随机的，是由对地质柱不同部分进行最初研究时的地点决定的。例如，"寒武纪"这一名称仅仅表示这一时期的沉积物首次是在剑桥郡（英格兰）发现和研究的，而"侏罗纪"则同样表示这一时期的沉积物最先是在法国和瑞士之间的侏罗山脉发现的。但是，因为缺乏划分"小节"地质时间的自然依据，为了方便起见，该术语就保留了下来。

上述关于地质时间的划分如图 40 所示。在接下来的几节中，我们将简要介绍在地球历史上不同时期内发生的一些主要事件。

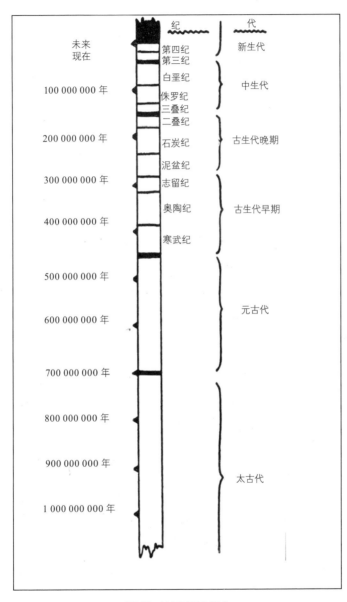

图 40 地质时间的划分

最早的碎片页

"沉积物之书"的最初几页，要追溯到第一滴雨从天上降落到地球缓慢冷却的表面那一天，第一道裂缝开始破坏地球原始花岗岩地壳的那一刻。那时的沉积物——主要由厚层云母片岩和白云质大理岩组成——大部分隐藏在地底深处，只有一小部分浮出地表。进一步的显微分析和化学分析显示，这些云母片岩和白云质大理岩都只是普通的砂岩和石灰石。不过砂岩和石灰石形成后，其表面再次被别的沉积物覆盖，并在这些沉积物的压力下沉入地下深处，之后又在极高温和极高压的作用下高度压缩，因而"变质"了。

原始沉积层有时厚达3万多米，这表明它们至少是在几亿年前形成的，这个时间长度在地球总寿命中占了相当大的比例。值得注意的是，与后来的沉积物不同，这些早期沉积物几乎不含盐，这表明当时的海水还是淡水。自海洋形成以来，其盐度一直在稳步增加（见第一章），因此我们断定：这些原始沉积物的形成时间与海洋盆地完全被水填满的时间大体一致。从这个意义上说，它们确实代表了地表第一批受侵蚀物质的沉积物。

显然，在第一次大范围的沉积之后，地壳发生了剧烈的崩塌，这就是著名的劳伦提亚运动。① 期间，大量熔融的花岗岩倾泻而出，覆盖在这些沉积岩层上，使之不断升高并折叠形成巨大的山脉。② 因为这些山脉数亿年前就被雨水完全侵蚀了，所以我们目前自然无法在地理学地图上找到它们。

现如今，我们只能在很少的地方（如加拿大东部）发现那些来自远古时代的沉积物；而单从那些早期山脉残存的"根"中，我们根本不可能了解那些山脉的地理分布特征。对记录在册的形成于首次造山运动期的花岗岩的放射性研究表明，这些花岗岩的年龄略小于 10 亿岁，这就给我们提供了首次沉积期结束的大致日期。

在第一批有记载的山脉被侵蚀之后，陆地的大片地区再次被水覆盖，厚厚的新沉积物也在以前山脉存在的地点再次形成。另一场运动（阿尔戈马）随之而来，新的造山过程和花岗岩熔岩不断侵入，接着又是漫长而平静的沉积期，然后又是一场运动，一场沉积……

亲爱的读者们，你们对于"运动"和"沉积"这两个词的单调重复，是否已经厌倦？请放心，这两个词再重复一次，丰富多

---

① 需要指出的是，这场运动不一定是地表发生的首次运动。事实上，在此之前，地表可能已经爆发过几次构造运动，但由于当时"沉积物之书"还不存在，所以我们无法判断。

② 在第三章中我们提到过，当时的火山喷发喷出了大量熔融的花岗岩(不是玄武岩)，这表明当时的固体地壳比现在的要薄得多，所以部分花岗岩仍处于熔融状态。

彩的画面就会出现了。从有记载的第五次造山运动"查尼运动"开始，我们就告别了地球生命的黑暗史前时期，进入了可与人类历史上古埃及时期相媲美的地质时代。

人们研究了地球上多处在"查尼运动"后形成的沉积层，发现它为我们提供了一幅相当完整的地表演化图。此外，这些沉积岩层中开始出现不同原始动物的化石，且数量不断增加，这对建立"地球史书"的"页码索引"有很大帮助。"查尼运动"后形成的沉积物构成了"沉积物之书"的 3 个完整章节。在这些章节的最后部分，开启距离我们最近篇章的相对较薄的沉积层出现了。在这个沉积期"篇章"，我们人类的足迹开始参与其中。

"沉积物之书"的完整三章

"查尼运动"开启了地球历史的新纪元。这场运动后，所有的大陆都被抬升到海平面以上，大陆面积可能也比现在大得多。以北美洲为例，普遍的陆地隆起使大西洋和太平洋的面积缩小，陆地所占区域要向现在的海洋区域挺进数百千米。那时，今天的墨西哥湾和加勒比海的盆地也由陆地占据着；而如今由一条狭窄海峡连接的南北美洲，正如本书"北美洲地质电影史"的第一张地图（见图 42）所示，那时也是一块连续的大陆。在大西洋的另一边，大陆也比现在向西延伸得更远，特别是一长串被称之为

"阿特兰蒂达（Atlantida）"[1]的陆地，从不列颠群岛一直伸向格陵兰岛。

但是，如同之前所有的造山运动一样，之后，那些隆起的陆地又慢慢地沉入地下的塑性层中，连绵不断的雨水也冲刷着山体及高原上的岩石物质。海水渗入内陆，淹没了地势较低的陆地，形成了许多内海。

在欧亚大陆，海水渗入内陆后，形成了一个广阔的内海，这片区域如今被很多国家和地区所占据，比如德国、俄罗斯南部、西伯利亚南部以及中国的大部分地区。这片广阔的内海被穿过现在的苏格兰、斯堪的纳维亚半岛、西伯利亚北部、喜马拉雅山脉、高加索地区、巴尔干半岛和阿尔卑斯山的高地所环绕。[2]

然而，在这段时间里，非洲大陆似乎完全没有水，它与欧洲则是通过横跨现在地中海盆地的干燥陆地相连。澳大利亚北部被印度洋所覆盖，而南部则向南极方向延伸得比现在远得多。在大西洋的这一侧，赤道地区海洋的推进几乎把美洲大陆一分为二（南、北美洲），现在的墨西哥和美国得克萨斯州的大部分地区也被淹没了。

北太平洋水域覆盖了北美中部的大部分地区，包括整个密西

---

① 当然，这块陆地与古代神秘的"亚特兰蒂斯"无关，因为该陆地的出现远远早于地球上的人类。

② 要时刻谨记，这条山脉很久以前就在雨水的侵蚀作用下分解了，现存于这些地区的山脉是很久以后形成的。

西比河谷、五大湖区和加拿大南部的部分地区。在赤道以南，大西洋水域不断推进，形成了一个广阔的浅海，覆盖了现今巴西的大部分地区。

虽然这次大范围的淹没持续了大约 1.6 亿年，是地球历史上古生代早期最显著的特征，但我们认为这一时期内不可能完全没有地壳运动。事实上，在此期间发生了一些小型的造山活动，而且陆地的缓慢上升和下沉导致了内海海岸线的不断变化；但是所有这些变化都只是小规模的，地壳中由于地球变冷而产生的压力正在慢慢积聚，最终在距今约 2.8 亿年时发生了大爆发。

此次地壳大运动，开启了"沉积物之书"的下一篇章——古生代晚期，也称之为"加里东运动"时期。"加里东"这个名字来源于苏格兰和北爱尔兰的同名山脉，那里的"运动"成果尤为显著。这次"运动"之后，沿着苏格兰、北海和斯堪的纳维亚半岛向北，直至斯匹次卑尔根群岛，形成了一条巨大的山脉。

这条山脉穿过西伯利亚北部，形成了亚洲大陆北部的高地边界。另一条山脉从苏格兰穿过北大西洋，一直延伸至格陵兰岛，将北冰洋和北大西洋的水域完全隔开。北美洲的"运动"开始的时间比欧亚大陆稍晚，一条高大的山脉从加拿大的东端到新斯科舍省，并沿着大西洋海岸继续向南延伸。从图 41 中可以看出，在南美洲、南非和澳大利亚的许多地方也有非常明显的山体活动。这为我们展示了加里东运动的主要成果。

尽管这个时期有许多大规模的造山运动，但是加里东运动显然远没有前一次运动那么激烈，总体来说，陆地的动荡也远不如

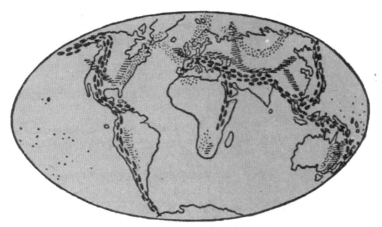

图 41 近 3 亿年来的 3 次造山运动

1. 加里东运动时期的山脉（距今约 3 亿年），由小点表示。
2. 阿巴拉契亚运动时期的山脉（距今约 1.5 亿年），由细线表示。
3. 新生代运动时期的山脉（距今约 400 万年），由粗点表示。

以前那么明显。事实上，在加里东运动中，所有的海水几乎都被迫从大陆表面"撤离"；而此时的山脉隆起对北美中部的海洋，以及中欧、东欧较大的水域几乎没有影响。另一个证明加里东运动相对温和的证据是，它明显没有完全缓解地壳的压力。因为我们发现，在整个古生代晚期的篇章中，地壳活动依旧相当明显，并在随后距离阿巴拉契亚运动的 1.3 亿年里，形成了无数丘陵、洼地，以及各种小山脉。

阿巴拉契亚运动揭开了中生代的新篇章，此时的地壳运动不再像上一个时期那样小规模地开展，而是达到了顶峰，在世界各地形成了大量高大的山脉。

在北美洲，地壳的褶皱运动形成了一个 V 形的山脉系统，尖端位于得克萨斯州。该系统的一个分支沿着墨西哥湾海岸延伸，一直延伸到现在的阿巴拉契亚山脉；而另一分支向西北延伸，形成了古老的落基山脉，一直延伸到普吉特海湾。在欧洲，地壳的收缩形成了一条长长的山脉，从爱尔兰（或者大西洋里更远的地方）的某处开始，穿过法国中部和德国南部，很有可能连接到现今喜马拉雅山脉以北的亚洲山脉。

就像所有的远古山脉一样，在很久以前，这些曾经十分宏伟的山脉就被雨水冲毁了；而现在一些略高于大陆平原的山脉，完全是由后来的山体剧变造成的。今天的阿巴拉契亚山脉（此次运动的名称就由此而来），以及欧洲的孚日山脉和苏台德山脉，只能告诉我们距今约 1.5 亿年前地球的故事。

与以前的沉积期有很多类似之处的中生代沉积期一直持续到约 4 000 万年之前的一次运动。中生代也形成了无数的低地、沼泽和浅海，为当时主宰动物世界的巨型蜥蜴提供了广阔的游乐场所。

同时，地壳中的压力正不断积蓄，地球正在准备距离我们最近的一次"运动"。此次"运动"后，地表将初具现貌。

最新篇章的开启

前文我们已经说过，离我们最近的"运动"，即新生代，大约开始于 4 000 万年前。各种迹象显示，这场运动如今并没有结束。虽然我们生活在一个进行中的运动时期，但这并不意味着我们会看到新的山脉像蘑菇一样每天都从地下冒出来。

如我们所知，地壳的所有过程都进行得极其缓慢，而且在有记录的人类历史中发生的所有火山喷发、地震等，都很有可能是下一次大灾难来临前的预兆。下一次大灾难很有可能会在某些我们意想不到的地方形成新的山脉。之所以说新生代运动远未结束，是因为迄今为止它所取得的成果清单（即落基山脉、阿尔卑斯山脉、安第斯山脉、喜马拉雅山脉等），与以前任何一次运动相比都太短了。尽管"我们的运动"可能根本不会像过去的那样引起地动山摇，但我们似乎更有理由相信，本次运动尚未达到顶峰，而我们现在正生活在造山活动相对平静的时期。

现存于地表的几乎所有山脉都是由这次运动造就的。如果这次运动真的尚未完成，那么在"不久的将来"（当然是在地质学意义上）必然会涌现更多的山脉。

过去的 4 000 万年是新生代篇章的开篇，它被人为划分为 6 个连续的段落，即古新世、始新世、渐新世、中新世、上新世和更新世。[1] 这些时期中离我们最近的一个时期，始于我们将在下一章讨论的伟大的冰川时期，一直延续到现在。

新生代运动的伟大成就之一就是亚洲南部地壳的大崩塌，这种崩塌直接抬升了新生的喜马拉雅山脉，使其位于周围平原之上；同时，伴随着剧烈的火山喷发，大量玄武岩岩浆在火山周围

---

[1] 前5个时期通常被统称为"第三纪"，最近的一个时期为"第四纪"。在某些分类中，古新世隶属中生代。

地区不断蔓延。例如，囊括大部分印度半岛的德干高原，就坐落在3 000多米厚的玄武岩上，该玄武岩层就是这一时期玄武岩岩浆涌向地表后冷却下来形成的。

与此同时，日本也发生了一次地下物质大喷发。

在大西洋的这一侧，在新生代早期（古新世时期），地壳的收缩造就了一条贯穿南北两极的巨大山脉，这条山脉在北美被称为落基山脉，在赤道以南被称为安第斯山脉。美国主要山脉的褶皱运动也伴随着火山活动，规模仅次于上文提到的印度半岛。火山喷发出了地表之下数千米深处的岩浆，形成了位于华盛顿州和俄勒冈州的哥伦比亚高原。

这些在新生代运动"头几天"发生的重大事件，显然在一定程度上减轻了地壳的压力。始新世和渐新世相对比较平静，在此期间，以前上升的陆地缓慢下降。但在随后的中新世时期，也就是距离新生代运动第一次爆发约2 000万年后，"运动"再次开始，陆地再次大幅升高，将平静时期缓慢覆盖其上的海水又给推了回去，新的造山运动也在地表形成了欧洲的阿尔卑斯山脉和北美的喀斯喀特山脉。

这场新生代的第二次运动在上新世时期略微减弱，但直到现在也没有结束。至于这场爆发于中新世的运动是否是新生代运动的最后一次，我们不得而知。但是如本书前文所述，我们当前相对比较平静的时代很有可能只是下一次运动爆发前的短暂喘息。

北美洲地质电影史

在本书前文中，我们简要地总结了在"沉积物之书"中记载的大陆历史。从本质上说，我们不得不将注意力放在运动时期和发生于其间的缓慢衰退期、沉积期等的一般特征上。正是因为这些特征，这本"沉积物之书"才能划分出明确的章节。但是，我们已经说过，新生代地壳的小规模运动迄今都未结束，也正是因为如此，地表仍在千变万化。

为了连续呈现这些变化，我们需要以至少 100 年为间隔，编制出一幅幅单独的地图，并将这些地图在电影放映机中放映。因为现有的地质知识还远远不够，所以要做完这件事，我们还差得很远。但是，即便是仅仅依据现有的地质知识制作的这部每一帧描述地球 100 年历史的电影，也需要日夜不间断地放映 2 周（按每秒 16 帧的标准速度放映）才能放完。

因此，我们将此范围缩小到北美洲，并提供 32 幅独立的地图，用以呈现 5 亿多年以来这块大陆的状态。这些地图是在查尔斯·舒彻特（Charles Schuchert）的古地理地图——由查尔斯·舒彻特和卡尔·D. 邓巴（Carl O. Dunbar）发表于《历史地质学》杂志上——基础上，由他们二人重新绘制而成（见图 42- 图 49）。

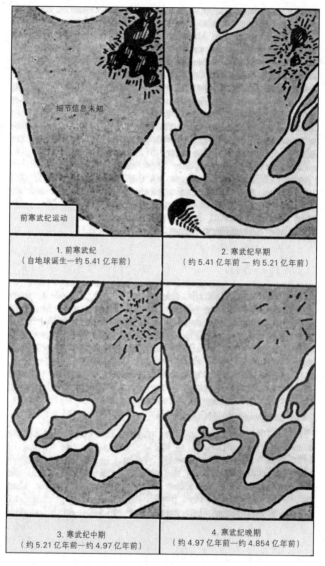

图 42
（注：地质年代时间已修订为维基百科最新数据）

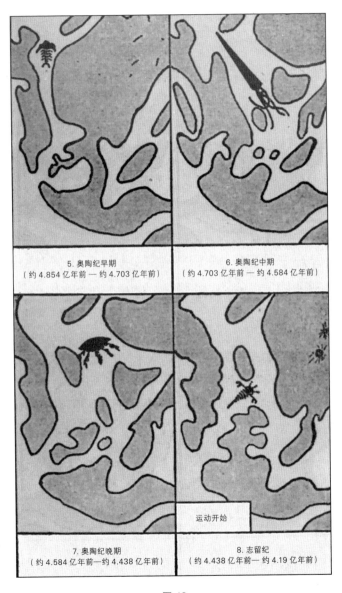

5. 奥陶纪早期
（约 4.854 亿年前 — 约 4.703 亿年前）

6. 奥陶纪中期
（约 4.703 亿年前 — 约 4.584 亿年前）

运动开始

7. 奥陶纪晚期
（约 4.584 亿年前—约 4.438 亿年前）

8. 志留纪
（约 4.438 亿年前 — 约 4.19 亿年前）

图 43

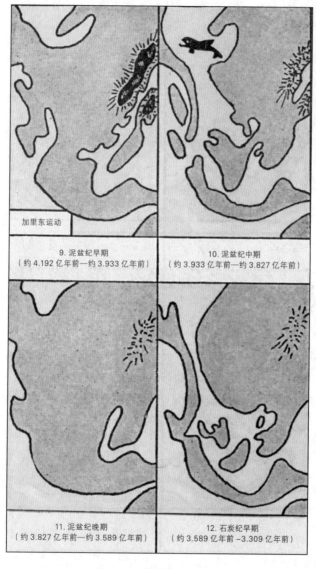

9. 泥盆纪早期
（约 4.192 亿年前—约 3.933 亿年前）

10. 泥盆纪中期
（约 3.933 亿年前—约 3.827 亿年前）

加里东运动

11. 泥盆纪晚期
（约 3.827 亿年前—约 3.589 亿年前）

12. 石炭纪早期
（约 3.589 亿年前 −3.309 亿年前）

图 44

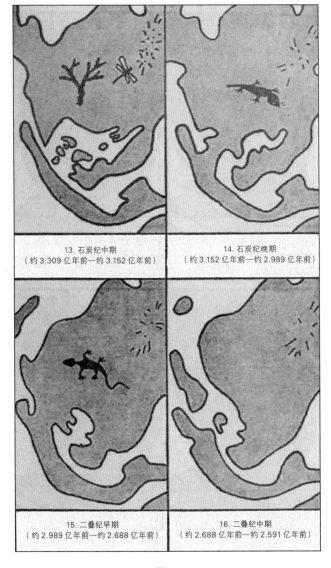

13. 石炭纪中期
（约 3.309 亿年前—约 3.152 亿年前）

14. 石炭纪晚期
（约 3.152 亿年前—约 2.989 亿年前）

15. 二叠纪早期
（约 2.989 亿年前—约 2.688 亿年前）

16. 二叠纪中期
（约 2.688 亿年前—约 2.591 亿年前）

图 45

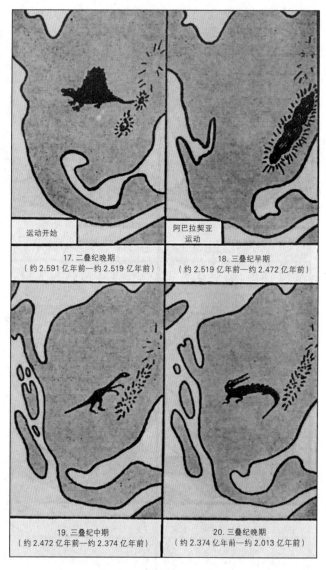

运动开始

阿巴拉契亚
运动

17. 二叠纪晚期
（约 2.591 亿年前—约 2.519 亿年前）

18. 三叠纪早期
（约 2.519 亿年前—约 2.472 亿年前）

19. 三叠纪中期
（约 2.472 亿年前—约 2.374 亿年前）

20. 三叠纪晚期
（约 2.374 亿年前—约 2.013 亿年前）

图 46

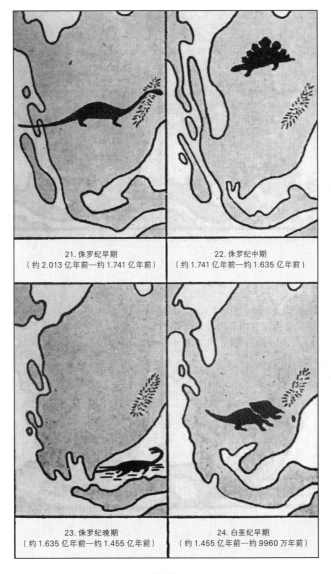

21. 侏罗纪早期
（约 2.013 亿年前—约 1.741 亿年前）

22. 侏罗纪中期
（约 1.741 亿年前—约 1.635 亿年前）

23. 侏罗纪晚期
（约 1.635 亿年前—约 1.455 亿年前）

24. 白垩纪早期
（约 1.455 亿年前—约 9960 万年前）

图 47

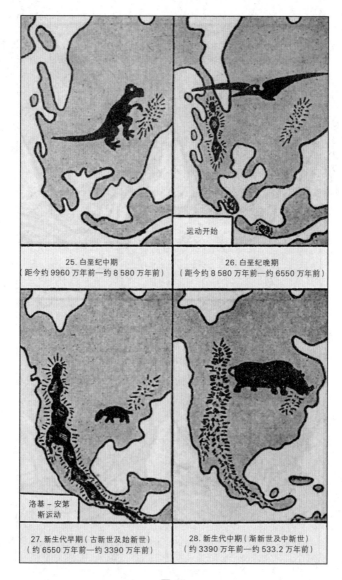

25. 白垩纪中期
（距今约 9960 万年前—约 8580 万年前）

26. 白垩纪晚期
（距今约 8580 万年前—约 6550 万年前）

运动开始

27. 新生代早期（古新世及始新世）
（约 6550 万年前—约 3390 万年前）

洛基－安第斯运动

28. 新生代中期（渐新世及中新世）
（约 3390 万年前—约 533.2 万年前）

图 48

29. 新生代晚期（上新世）
（约 533.2 万年前—约 258.8 万年前）

30. 后新生代（更新世）
（约 258.8 万年前—约 1.17 万年前）

31. 当前

32. 未来

图 49

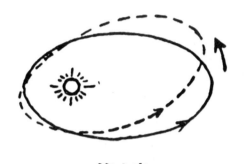

第八章

往昔气候

我们生活在冰川时期

正如我们在第七章中所看到的，地球的整个历史自然地分为几个漫长的沉积期，中间隔着几个相对较短的造山运动期；在造山运动期，大陆被猛烈地抬升，地表出现了许多新的山脉。

当我们提及山脉的时候，脑海中会出现一个画面：闪闪发光的冰冠和壮丽的冰川从山区宽阔的冰河中缓缓流下。即使在亚热带地区，高山顶部也会永久蒙着一层白霜，而在靠近两极的地方，所有高地都覆盖着厚厚的冰层。在智利南部和阿拉斯加，大型冰川从沿海的山脉断裂后坠入海洋，被洋流带走后，形成了巨大的漂浮冰山。

格陵兰岛上覆盖着一层面积约为180万平方千米、最大厚度超过3 000米的冰盖；[①]而南极洲这个与世隔绝的大陆，则被一个总面积为1 300万平方千米，平均厚度约1 000米的永久冰层覆盖着。

然而，现在的冰川虽然覆盖了大部分大陆地块，却比先前要小得多。冰川面积正在缓慢减少的第一个迹象，便是当前的大多数高山上的冰川正在逐年变短。

---

① 巧妙利用冰川回声测深的方法，我们估算出了冰川的厚度。地表爆炸所产生的声波被下面的岩石反射，而这种"底部回声"的延迟到达，直接给我们提供了计算冰川厚度的机会。这种计算方式与用地震波研究地壳的方式类似。

通过研究"沉积物之书"中相应的几页，我们可以找到过去冰川广泛存在的最直接证据。北欧和北美的大部分地区都覆盖着一种非常有特色的沉积物，名为"漂移物"——由"砾质黏土"或"冰碛土"与砾石、沙子混合而成。在很长一段时间里，这种物质的起源都是地质学家难以解开的谜题。

直到 1840 年，瑞士科学家路易斯·阿加西（Louis Agassiz）才对此做出解释。他认为这种物质的出现是冰川运动的结果：大量冰块从高山地区坠入山谷，在裸露的岩石表面留下深深的疤痕，并将巨石带离原始位置。令当代地质学家惊奇的是，阿加西不仅证明了他的故乡——瑞士的那个繁荣的山谷，也就是他开始研究的地方——不久前还隐藏在阿尔卑斯山脉落下的冰川之下，还能够证明另一块来自斯堪的纳维亚高地的巨大冰川，覆盖了北欧的大部分地区。冰川沉积物的分布无疑表明，当时整个德国北部、法国北部和不列颠群岛呈现出的景观，今天只有在格陵兰岛或南极洲旅行的探险家们才能看到。

在大西洋的这一侧，有几片从加拿大高地滑落的冰川，覆盖了现在美国面积的一半。在离纽约市不远的地方，人们可以找到被移动的冰川打磨过的岩石，以及随冰川移动数百千米、停留在特殊位置上的巨石。

图 50 显示了那个时期冰川的最大覆盖面积：北美和欧洲都深埋于冰下，北亚的冰川仅覆盖了极少数区域。这种令人讶异的情况之所以出现，可能是因为西伯利亚北部没有山脉，同时也进

图 50　北半球和南半球在新生代时期的冰川分布。图中大片虚线区域代表广阔的大陆冰川，断线则代表高山冰川，西伯利亚北部的冰川尚不确定。

一步证明冰川作用与高山地区的存在直接相关。

　　据估计，在冰川作用[①]最显著的时期，各大陆堆积的冰加起来，体积达数百万立方千米；而由于构成这些冰的水都来自海洋，导致当时的海平面比现在低约 100 米。同时，当时的陆地占据的范围也比现在要广泛得多。假如回到那时，人们可以沿今天的大西洋西岸向东舒服地步行 16 千米~33 千米，甚至连脚都不会湿。

　　因受北美大陆北部堆积如山的巨大冰块的重压，在五大湖[②]地区，地壳沉入地下 200 多米深的塑性物质层中，且越往北沉得越深。冰块消融后，这些地区就被海水淹没了。在密歇根州和纽

---

① 冰川作用，广义上泛指冰川的生成、运动和后退，狭义上仅指冰川运动对地壳表面的改变作用，包括冰川的侵蚀、搬运和堆积。
② 五大湖指苏必利尔湖、密歇根湖、休伦湖、伊利湖、安大略湖。

约州北部海拔几百米高的地方，人们发现了海洋中的贝壳，甚至还有鲸鱼的骨骼化石，这无疑证明了这些地区目前的海拔高度是后来地壳均衡调整的结果。

我们还必须指出，通过仔细研究上述地区和欧洲的冰川沉积物，可以发现至少4次（可能更多）连续的冰川运动，它们被相对温暖的漫长间冰期间隔开。事实上，间冰期时冰川的消退甚至比现在还要明显。[1] 因而，我们不得不承认，我们仍然生活在上个冰期的末期，在下一个冰期开始向各大洲推进之前，北美、欧洲和亚洲的气候必定会比现在稍微暖和一些。

通过研究冰川消退后留下的沉积物，我们可以准确估算出上一次大面积冰川形成的时间。我们在与消退冰川南缘相接的冰蚀湖中发现的沉积物，清楚地显示了与夏季和冬季相对应的沉积层。夏季，沉积物由被称为"淤泥"的粗糙物质——来自冰雪融化而成的溪流，通常颜色较浅——组成。冬季，湖泊结冰了，湖面更加静谧，冰川沉积物由颜色更深的细黏土组成。

瑞典地质学家德吉尔（de Geer）研究了从瑞典南端到挪威中部等不同地区的湖泊的沉积物，发现当冰层消退至这个位置时，形成了约1.35万层泥沙和黏土沉积层。这告诉我们，自斯堪的纳维亚从冰层下首次露面至今，已经过去了多少年。我们发现，假如冰川的消退速度与前几个时期相同，那么欧洲的冰川大约在

---

① 有趣的是，目前的冰川面积仅为冰川作用最显著时期的3倍（原书中是3倍，译者认为此处应为1/3）。

2.5 万年前开始消退。

在西半球进行类似调查的结果显示，北美第一次冰川消退的时间大约与欧洲相同。考虑如此长的一段时间（从人类历史的角度而非地质历史的角度）只是单个冰川期（冰川时期）的一个阶段，我们认为在最近一段地球历史中，冰层在大陆北部地区 的形成与消退已经反复进行了几十万年。

南半球关于冰川时期的类似证据相当少，因为南极周围的相应区域（南纬40°~南纬70°）大多被海洋覆盖。然而，人们发现，那时阿根廷、智利、秘鲁等地的安第斯山的雪线比目前低 1 000 米左右，而且有迹象表明至少存在两个寒潮期——中间是一个暖温期。新西兰的冰川也比现在大得多，就连今天完全看不到冰川的澳大利亚曾经也有过冰川，图 51 展示了在时间上距离我们最近的三个冰川在欧洲的最大延伸。

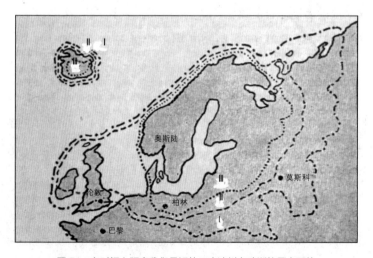

图 51　在时间上距离我们最近的三个冰川在欧洲的最大延伸

昔日的气温要高一些

快速翻阅数百万页的"沉积物之书",我们发现一般冰川的作用在地球的历史上并不典型。地球自诞生以来,大部分时间气候都比较温和稳定。事实上,当我们研究较近的始新世——相当于约 4 000 万年前,离现在最近的一次造山运动的开始时期——的沉积物时,我们找到了强有力的证据,证明当时的气候带向北移动了 20° 或 30°。

在欧洲大陆的始新世沉积物中,我们发现了大量棕榈及其他植物的化石,这表明这个地区曾覆盖着丰富的亚热带植被。那时,英格兰南部一定随处可见棕榈林。北美洲也是如此:在北部的俄勒冈、华盛顿等地区发现了木兰、棕榈及其他亚热带植物的化石。

当现在被温带植被覆盖的地区还被热带丛林所占据时,正在阿拉斯加、格陵兰岛、斯皮茨卑尔根、北亚等地区正生长着像橡树、板栗、枫树这样的普通树木。典型的北方植物,如矮桦树和矮柳树,那时在遥远的北方地区很常见,而目前那里却根本没有植被生长。南半球的植被数据如同其冰川时期的数据一样,相当匮乏;然而,在南极洲沿岸的几个地方,人们发现了煤矿,这说明这块现在几乎完全被冰川覆盖的大陆,曾经也生长着丰富的植被。

图 52 冰川时期之前北半球植被的分布情况：亚热带森林向北延伸至伦敦和波士顿，而温带植被则分布在格陵兰岛南部、冰岛和斯皮茨卑尔根。

图 52 显示了当前的气候条件与冰川时期开始之前的气候条件的一些差异。

除上述古植物学证据之外，我们也有来自古动物学的类似资料。例如，人们在北部的阿拉斯加海岸，发现了现在只生活在温暖的海洋中的软体动物存在的痕迹；而犀牛和老虎则遍布现在的美国地区。追溯到更久远的时期，我们发现，整个中生代沉积期的气候较为温和，各地气候状况相差不大，只在大约 1.5 亿年前的阿巴拉契亚运动中才发现冰川运动的痕迹。

关于古冰川作用的最确凿证据被发现于南美洲、南非、印度和澳大利亚。冰川沉积物的厚度表明，此次冰川作用比欧洲与美国最近一次冰川作用持续时间更长、强度更大。还有迹象表明，有几个明显的寒潮被较温暖的间冰期隔开了；在澳大利亚东部、塔斯马尼亚、新西兰等许多地方发现的沉积物，都记录了至少 3 次这样的连续冰川运动。

在北半球，紧跟阿巴拉契亚运动的是冰川的推进。但现有的记录显示，那时的冰川运动相对温和，且仅限于一小块区域。究其原因，要么是缺乏广阔的高山（例如在最近一个冰川时期的西伯利亚），要么是干旱的气候不能为大陆冰川的形成提供水源。

而更早以前，我们在古生代晚期的沉积期再次遇到温暖的气候，接着在加里东运动时期（距今约 3 亿年）再次遇到大规模的冰川运动。加里东时期的冰川运动在阿拉斯加、挪威和南非留下了大量的沉积物。人们还发现了更早时期的冰川沉积物，该沉积物的形成时间与开启地球生命篇章的前寒武纪运动的时间相当。

随着我们将视线转向距离我们更遥远的时代，阅读"沉积物之书"变得越来越困难；但毫无疑问，大规模的冰川运动时期总是与整个大陆剧变和造山运动相关，而且每一次冰川运动都离不开一系列连续的寒潮。在这些寒潮的作用下，冰川在大陆表面来回移动。

极地会沿着地表移动吗？

鉴于"沉积物之书"中记载的不寻常的气候变化——中欧亚热带森林的存在以及随后出现的厚厚的冰川、印度亚热带地区的冰川作用以及其他相关事实——使得许多地质学家和地球物理学家猜测，在过去的地球历史时期，大陆板块和极地的位置发生了重大变化。

基于"大陆漂移"的最初假设（见第三章和第七章），以及整个地球固体外壳可以在地球内部塑性物质上滑行的进一步假设，魏格纳和其他科学家试图重构大陆和极地的相对位置，以期与历史地质学提供的气候数据相符。为了解释在阿巴拉契亚运动时期，南美洲、南非、澳大利亚及印度同时出现的冰川运动，魏格纳等人假设那时的大陆之间比现在连接得更加紧密，南极大致位于大陆的中心，北极大致位于北太平洋的某个地方，距离夏威夷群岛不远。

他们还认为，北极在新生代时期（始新世时期）移动到了阿拉斯加，后来又移动到格陵兰岛南部，从而在北美和欧洲引发了大规模的冰川运动。同时，最近一个时期的温暖气候则是极地从格陵兰移动到现在的位置所致。图 53 提供了其中一种假说，即通过两极的迁移来解释地球各历史时期气候的变化（来源于克赖

图 53 克赖希格的北极迁移假说。该假说与我们对现在地球特性和过去植被分布的认识有冲突。

希格）。[1]

　　虽然这种"漂移大陆""极地迁移"的景象激发了我们无尽的想象，且由于所涉及的各要素的选择自由度很大，几乎可以契合任何给定的气候；但基于我们目前对地球特性的认知，这样的说法根本经不起推敲。实际上，正如我们在第七章中所说，海底的玄武岩层太过坚硬，大陆的相对位置难以发生多少变化；如

---

[1] 当然，当我们谈到极地沿地表"迁移"时，我们实际上指的是地球固体地壳相对于地球内部塑性物质的滑行。

果这种位移真的发生了，那肯定也是发生在地球历史的最初阶段——那时玄武岩表面仍处于熔融的液体状态。

当然，即便是现在，整个地壳在塑性内层上滑行也是可能的。杰弗里斯指出，考虑到塑性内层的高黏度，我们很难想象两极的位置在整个地质历史中，会发生几度以上的变化。同样，我们也无法设想出一种能让两极沿着一条线移动的力量（见图53）。

最近，来自古植物学和古动物学的数据，似乎直接驳斥了魏格纳和其他人提出的极地迁移假说。例如，为了解释分布在欧洲的亚热带植被，他们假设在新生代早期，北极位于如今的阿拉斯加，这将会使阿拉斯加及其周围地区会呈现出相当严苛的北方严寒气候的特征。然而，众所周知，那时这些地区是被温带、甚至还有一些亚热带植被覆盖着的（比较图52）。

因此，我们有必要假设，在整个地质历史中，大陆和极地的相对位置几乎与今日一模一样。

周期性"寒潮"的诱因究竟是什么？

为了解地球表面周期性冰川运动的成因，我们要记住，此处我们讨论的是一个双重周期。首先，只有在大的造山运动之后的历史时期，地球上才会出现大规模的冰川运动，那时的大陆被抬升且地表被高山覆盖。这种周期性仅仅表明，这种海拔高度的存在是形成厚厚的冰川的先决条件，冰川越来越大，最终从山上滑落，覆盖了周围广大的平原地区。

然而，每一个与特定造山运动相对应的冰川时期，也有周期性变化，只不过持续的时间要短许多；在高山耸立时，冰川在平原上反复扩张和消融。这第二个周期性显然与地表构造特征的变化无关，得归因于气温的实际变化。由于地表热量的平衡完全依赖于太阳在地表的辐射量，所以我们需要寻找所有可能影响太阳辐射量的因素。这可能包括：①地面大气透明度的变化；②太阳活动的周期性变化；③地球围绕太阳公转的变化。

许多气候学家赞同单纯用大气层解释气候变化，是基于这样的假设——由于某种原因，地球大气层中的二氧化碳量会随时间呈现周期性波动。由于二氧化碳是空气吸收热辐射的主要成分，所以大气中的二氧化碳含量只要稍稍有所下降，就可能导致地表温度大幅度下降，最终引起冰川时期的过度结冰现象。尽管这可能是合理的解释，但对于二氧化碳周期性波动的原因，我们却不清楚。此外，我们也无从核实过去大规模的冰川运动，究竟是否与空气中二氧化碳含量的变化有关。

试图用太阳活动的多变性来解释寒冷天气的假说，也同样是不确定的。为了验证这一点，我们观察了由太阳黑子数量的变化引起的太阳辐射的周期性变化，太阳黑子的数量每 10 年或 12 年就会达到峰值。在太阳黑子峰值出现的年份，地球由于接收到的辐射量减少，平均温度下降了大约 1℃。但无论是观测到的事实还是理论上的推断，都无法证明太阳活动的这种变化会持续数千年。就像"二氧化碳假说"一样，我们似乎不可能去验证冰川时期与太阳活动极小值的一致性是否仅仅是巧合。

最后一个假说不受上述限制，该假说不仅能够让我们理解冰川周期性运动的成因，而且可以让我们凭借地质证据确定其周期性运动的日期。

我们知道，地表的季节性变化是由于地球的自转轴（地轴）向其轨道面倾斜引起的，因此，北半球有 6 个月时间（南半球是另外 6 个月）朝向太阳（见图 54）。朝向太阳的半球白天时间较长，受太阳光线直射较多，因而能够吸收更多的热量，是为夏季，与此同时，另一半球则正在经历寒冷的冬季。

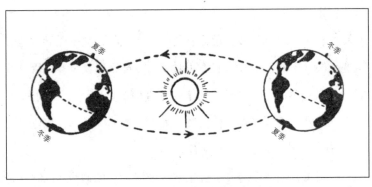

图 54　有关南北半球季节变化的常见解释

然而，我们同样应该知晓，地球绕太阳公转的轨道并不是圆形的，而是椭圆形的，因此，地球在其轨道上的某些位置比在其他位置距离太阳更近。目前，地球在每年的 12 月底通过近日点（即与太阳距离最近的点），在 6 月底距离太阳最远。因此，相比南半球，北半球的冬天更温暖，夏天也更凉快。从天文观测中我们得知，地球与太阳的距离，在 12 月时比在 6 月时近约 3%；因为辐射强度与距离的平方成反比，所以此时两个半球接收到的热量差值应该达到 6%。根据辐射量与地表气温的关系，[①] 我们发现与南半球的对应季节相比，目前北半球的夏季平均气温会低 4℃~5℃，冬季平均气温会高 4℃~5℃。

人们可能会认为，两个半球之间的温差并不能用来解释冰川活动，因为较冷的夏季会被较暖的冬季所补偿，反之亦然。但是，这种想法并不正确，因为在夏季和冬季，温度变化对冰形成的相对影响是完全不同的。事实上，一方面，如果气温已经低于冰点（在冬季很常见），空气中所有的水分都已凝结，那么进一步降温并不会影响降雪量；另一方面，夏季太阳辐射的增加会使冬季形成的冰加速融化并消失。因此，较凉爽的夏季比寒冷的冬天更有利于冰川的形成，而且北半球目前已然具备了大规模冰川形成所需的条件。

"可是，如果是这样，为什么欧洲和北美现在没有冰川呢？"人们可能会提出这样的问题。这个问题的答案的关键在于温差绝对值的大小，似乎前述 4℃~5℃ 的温度差异，刚好达不到冰川增长所需的温度。正如上文提到的，目前北半球的冰川正在后退，而不是前进。北半球冬季的降雪量和夏季的冰融化量处在一种非

---

① 如果 L_1 和 L_2 表示所接收的热量，T_1 和 T_2 表示相应的表面温度，则得到如下方程式：

$$\frac{T_1 + 273°C}{T_2 + 273°C} = \sqrt[4]{\frac{L_1}{L_2}}$$

常微妙的平衡中；但如果夏季温度能下降 1/2~1/3 的话，就可能完全扭转局面。

为了探寻过去可能引发大规模冰川形成的更大温差出现的原因，我们首先需要注意地轴的方向，及其围绕太阳运动时的轨道所可能发生的变化。众所周知，地轴正在缓慢地改变它在空间中的位置，这样的位置变动勾勒出了一个圆锥体，其中心线垂直于地球的轨道平面，有点类似于我们在抽陀螺时观察到的现象（见图 55a）。地轴的这一运动被称为旋进[①]运动，牛顿认为这是太阳和月亮对旋转地球的赤道隆起的吸引力作用造成的。

地轴在太空中的这种运动非常缓慢，旋转一周大约需要 2.6 万年。很明显，旋进现象会周期性地改变前面所描述的情况。同时，我们也很清楚，大约每隔 1.3 万年，地球就会经过近日点，南北半球会交替朝向太阳。同样明显的是，虽然这一现象改变了两个半球之间的气候差异，但却不能使其中任何一个半球的温度出现大幅度下降。如果现在我们假设"纽约处于冰川时代（但其实并没有）"，那么同样的事要发生在布宜诺斯艾利斯则要到 1.3 万年后。

除了一般的旋进外，地球的运动还受到其他行星，尤其是木星的干扰（木星质量巨大，几乎可以阻截太阳系的每一颗小行

[①] "旋进"这个词是公元前125年由希帕恰斯（Hipparchus）提出的。他注意到"春分点"（即在天球上黄道与赤道相交的点）正缓慢地"向前"移动以迎接太阳。

星）。对这些干扰的研究，是天体力学研究的主要课题，以往和当今许多伟大的数学家都对此进行了探索，他们的努力使天体力学研究达到了相当高的精确度。

天体力学的研究让我们了解到，地轴与轨道面的倾角（不受普通旋进的影响）也呈周期性变化，一个周期约为 4 万年（见图 55b）。由于夏季和冬季的出现正是由这一倾角造成的（比较图 54），因此我们认为，这一倾角越大，两个半球之间的气候差异就会越大，即会出现更炎热的夏季和更寒冷的冬季。另一方面，地球自转轴变直使得气候分布更均匀——如果地轴垂直于轨道平面，那么季节间的差异就会完全消失。

地球本身的运行轨道也并非恒定不变——地球绕太阳缓慢旋转，其偏心率也会周期性地增大或减小（见图 55c、图 55d）。虽然这两个变化都大致显示出周期性特征，但周期长短却各不相同，从 6 万年到 12 万年不等。想要更准确地了解这些周期性变化，就必须使用天体力学那些复杂的计算。足够幸运的是，天体力学的计算方法非常精确，可以在误差率不超过 10% 的情况下，重现 100 万年来地球运行轨迹的全景。

显然，地球围绕太阳公转的轨道产生了与地轴旋进相同的效果，我们可以将这两种现象进行简单叠加。

地球轨道偏心率的周期性变化对南北半球的气候都有重要影响。在轨道较大幅度伸长的时期，地球经过轨道上离太阳最遥远的点时，两个半球接收的热量都非常少。根据精确计算，18 万年前地球轨道的偏心率是现在的 2.5 倍，由此推算南北半球之间的

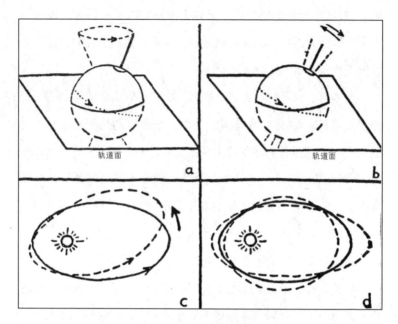

图 55　地球运动要素的变化
　　a. 自转轴的旋进；b. 轨道平面倾角的变化；c. 地球轨道的旋进；d. 轨道偏心率的变化（图表中的所有变化均被放大）。

温差一定在 9℃~10℃。

　　尽管上述各项原因对气温变化带来的影响都不一定很显著，但倘若在地球历史的某个时期，它们带来的影响所导向的趋势相同，那么在此之上产生的影响就会相当巨大。因此，在轨道偏心率特别大而地轴倾角特别小之时，地球处于其拉长轨道的最远处，北半球的夏季出现了，且接受的热量会非常少。

　　另一方面，当地球轨道偏心率较小、地轴反向倾斜时，必然致使这个半球的气候相当温和。

南斯拉夫地球物理学家 A. 米兰科维奇（A. Milankovitch）在利用天体力学的方法获取地球运动要素的数据后，绘制了一张图表，展示了由于纯粹的天文学原因造成的北半球和南半球的气候变化情况。图 56 中展示了他绘制的北半球曲线中的一条曲线，代表北纬 65° 的地区在过去 65 万个夏季接收到的太阳热量。该曲线显示，上述 3 种原因的单向作用发生在距今约 2.5 万年、距今约 7 万年、距今约 11.5 万年、距今约 19 万年、距今约 23 万年、距今约 42.5 万年、距今约 47.5 万年、距今约 55 万年、距今约 59 万年。将这一理论曲线与地质学家获得的代表过去冰川的最大延伸（通过研究冰川沉积物给出）的经验曲线进行比较，我们发现该曲线甚至比预期的更好。这无疑证明，上述有关冰川时期的解

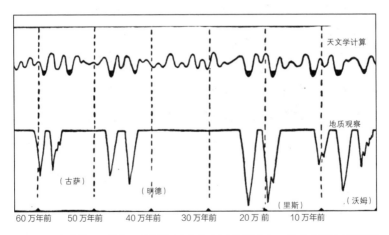

图 56　北纬 65° 的地区夏季的温度变化（米兰科维奇）。下边的曲线给出了根据地质数据推导出的不同冰期的时间。括号中的名称是一些小河流的名称，在这些小河流中首次发现了各种冰川作用产生的沉积物；因此，相应的冰川时期通常以这些河流的名称来命名。

释是正确的。对南半球的研究也得到了类似的结果，但是因为我们对南半球的冰川推进知之甚少，所以理论和观察的比较就起不到那么重要的作用了。

很明显，一定存在一些独立的冰川推进。冰川时期的地质学划分之所以只分为 4 个或 5 个阶段，就是因为这些单独的冰川推进总是以临近的 2 个或 3 个为一组的形式进行。

在本章即将结束时，我们必须再次提醒读者，在地球的整个地质历史上，由纯天文因素引起的冷暖气候的周期性更替，必然是以不到 10 万年的间隔进行着。然而，只有在地球演化的多山阶段，才有足够有利的条件通过每一次连续的寒潮形成大面积的冰川。由于我们现在大致生活在地球的某个造山运动时期，如今已经有许多高山耸立，而且可能还会有更多的高山拔地而起，所以我们预计，约 3 万年前已经退去的大冰川会再次席卷而来。

只要北纬地区有山脉，这些周期性的冰川推进和消融就会继续下去。只有在数百万年之后，当造山运动形成的所有高山都被雨水冲走时，冰川才会完全从地表消失，气候才会变得更温和、更均匀。地球轨道和地轴倾斜角度的变化，只会让不同地点的年平均温度发生相对不太重要的变化。再过 1 亿年或 2 亿年，新的造山运动和周期性冰期将接踵而至。

第九章

地球上的生命

生命的起源

如果我们还记得，我们的星球最早是一个由炽热的熔融物质构成的大火球，那么我们必然会得出如下结论：只有当地表已经覆盖坚硬的外壳且充分冷却、复杂的有机物质有存在的条件时，现在地球上所有蓬勃发展的生命才能存活下来。说得更确切些，生命的出现与特定时代背景有关。在那个时代，地表正在缓慢冷却，温暖的滂沱大雨从天而降，由此形成了广袤的海洋盆地，而其一直被认为是原始生命的摇篮。

古生物学的证据表明，在地球历史的早期阶段，生命是不可能出现的；只有当地球上的自然条件变得有利于生命诞生时，生命才会出现。我们当前需要解开的谜团是：地球上是如何出现生命的？为什么地球上会出现生命？

首个关于地球上生命起源的学说是 1865 年里希特（Richter）提出的，并且成为最受欢迎的学说之一。该学说认为，生命本身是永恒的，并以微小的有生命力的孢子或"宇宙生物"的形式从一个行星系统被带至另一个行星系统。当这样一个"宇宙生物"到达一颗行星时，如果那里的环境有利于它的生长，它就会留在那里繁衍，并且通过较长时间的有机进化，形成更高级的生命形式。

斯万特·阿伦尼乌斯（Svante Arrhenius）指出，这些"生命携带者"在穿越太空的过程中，因受到恒星发出的光线的辐射压力，以相当快的速度向前推进。阿伦尼乌斯推测，一个微型植物孢子，先是被一些上升气流带入大气上层，接着又被太阳的辐射"吹走"。经过这个过程后，它的速度将达到约 100 千米 / 秒。孢子以这样的速度行进，只需要几个月就能到达我们太阳系的其他行星。这样，大概在 1 万年后，它就能穿越相当于地球与最近的恒星之间的距离。有人认为，在极度干燥的条件下，即便星际空间极度寒冷，这种孢子仍可长时间保持孕育能力。换言之，只要它们发现环境合适，就会开始孕育新生命。

不过，这种旅行的孢子会受到另一种威胁，这种威胁比"冻死"更可怕。众所周知，太阳的紫外线几乎完全被地球大气层吸收，而它能够迅速杀死任何冒险跑出地球大气层这个保护盾的微生物。因此，这种旅行孢子在到达最近的行星之前就已经绝迹了。此外，除了在漫长的星际旅行中维持生命这一问题之外，根据现代人们对恒星宇宙年龄和起源的了解，"宇宙生物"假说俨然一派胡言。事实上，当前似乎能够确定的是，恒星本身并不是永恒的，而是从原先充斥着星际空间的原始热气体中诞生的。[1]

在我们的地球和其他行星系统形成之前，"宇宙的物理造物"过程必定就已经发生了。既然在那时宇宙的任何角落都不可能存在生命，那么关于生命起源的讨论可能就得另辟蹊径了。此外，将生命的诞生这样重要的事件寄希望于宇宙中某个遥远的角落而

---

[1] 关于恒星宇宙起源的讨论详见作者的另一本著作《太阳简史》。

非我们美丽的地球，也是不太能说得通的。

倘若生命果真起源于过去我们星球上某些无生命物质的复杂重组，那么我们就必须探究原始生命形成的过程，以及这一过程所需要的条件。

生命起源的问题是自然科学中最激动人心的问题之一。虽然对这个问题，人们有着无限的猜测，但谜团仍未解开。当然，无机物质演化为有机物质必定是循序渐进的，而且在很长一段时间内，根本无从判断某一物质块到底是属于有机世界还是无机世界。但我们至少可以说，在"真正"的生命体出现之前，各种复杂的有机化合物必定已经形成了，而这些复杂的有机化合物正是日后上帝创造原始生命的材料。

俄罗斯科学家欧帕林（Oparin）曾经详细研究过生命起源问题。他指出，原始海洋中必定早已含有一定量的碳氢化合物[①]，例如普通的沼气。早在地球诞生之时，沼气就通过水和地表存在的无机碳化合物（可能是碳化物）的相互作用开始形成了。碳原子在化学元素中非常显眼，因为它有形成长分子链的特殊能力，使极其复杂的化学物质的诞生成为可能。因此，可以想象，在海洋形成之后，溶解在海水中的各种基本碳化合物（碳氢化合物）的

---

①碳氢化合物，由碳和氢两种元素组成，在生物中起着重要作用，也可以在实验室条件下合成。最简单的碳氢化合物是"甲烷"，它的分子由1个碳原子和4个氢原子组成。稍微复杂一点的是"乙烷"（2个碳原子和6个氢原子），再添加一个氧原子可以获得普通的乙醇。

分子彼此结合并形成日渐复杂的有机物质。

合成化学的近期成果毫无疑问地说明，即使是最复杂的有机物质也可以人工合成。毋庸置疑，这种合成现象也曾在原始海洋中发生。当然，由于海洋中各原始元素的浓度很低，而且也没有现如今化学家们在工作中经常使用的各种促进物质（催化剂），有机物质的自发形成需要很长时间。但是，纵观地球的整个历史，即使是 1 亿年也仅仅是一个短暂的瞬间。

即便可以假设海洋在某个相当早的时代，已经包含了各种相当复杂的有机物质，例如构成生命所必需的蛋白质，我们依然无法揭开谜底，因为所有的合成物质都没有任何生命迹象。"生命的火花"的点亮不仅取决于其化学成分，还取决于其构成物质的特定排序。为了了解无生命的有机物质是如何演化为有生命的生物体的，我们必须特别注意那些可以区分无机物质并将其合成有机物质的过程。

在任何关于生命本质的讨论中，要考虑的最重要的一点是构建所有动物和植物的生命原生质，实际上就是水中各种复杂有机物质结合成的胶体溶液。这种胶体溶液是一种非常精细的乳状液体，由上面提到的有机物的微小带电粒子组成，悬浮在水中，并通过电荷之间的排斥作用保持独立状态。[1] 由于纯水是一种极差的导体，所以这些粒子能够长时间保持其电荷，并且这种胶体溶液不会下沉。

---

[1] 可惜我们无法在这里详述制造这种胶体悬浮液的复杂过程。

然而，如果我们取一种胶体溶液，比如说金，并在其中添加一些盐，从而增加水的电导率，那么独立的粒子就会迅速失去其电荷并开始融合在一起，进而形成越来越大的颗粒（凝结），最终在容器底部沉淀一层薄金。我们还可以通过将两种不同的胶体混合在一起来引发这种现象，究其原因，是因为这些胶体的颗粒带有相反的电荷。在这种情况下，相似粒子之间的排斥力会被具有相反电荷的粒子之间的吸引力补偿，紧接着凝结便出现了。

有机物质（例如普通阿拉伯树胶）的胶体溶液与非有机物质的所有溶液的不同之处，在于碳化合物分子对水具有很强的化学亲和力。这些物质的胶体颗粒总是被同心的水分子层包围（见图57b）。第一层水分子牢固地附着在颗粒的表面，越往外层水分子的结合越松散。最终，尽管膜中的水分子与溶液的水分子之间没有真正的分界线，但每个胶体颗粒都被稳定的"水膜"包围着。

正是这种围绕着复杂碳化合物胶体颗粒的水膜极大地增加了这些系统的稳定性，而且可能是生命物质结构中最重要的因素。水膜可以阻止胶体颗粒失去电荷，即使向溶液中加入盐，凝结现象也不会发生。如果我们将具有相反电荷的两种有机胶体溶液混合在一起，其胶体颗粒会彼此吸引，但由于被水膜包裹着，又无法融合在一起。在这种情况下，我们获得的就不是固体析出物，而是一种通常被称为聚析液的果冻状物质。例如，（在合适的条件下）将明胶和阿拉伯树胶的胶体溶液（二者在稀释状态下都是透明的均质液体）混合在一起，我们会观察到，复杂的明胶－阿拉伯树胶的聚析液微小液滴的形成。这种微小液滴会与其余的液

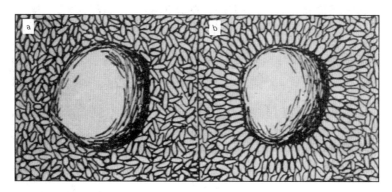

图 57
a. 无机物质胶体颗粒，水分子在粒子周围自由移动；b. 有机物质胶体颗粒，水分子粘在其表面，形成同心层。

体分离，使混合物看起来不那么透明。

　　在仔细研究后，许多研究人员发现，聚析液液滴的性质与生命原生质的特性有许多有趣的相似之处。特别是，这些液滴具有吸收溶解在溶液中的各种物质的能力，因而，它们的尺寸和重量都会增长。欧帕林认为，溶解在原始海水中的各种有机物质所形成的聚析液，是我们地球生命发展过程中最重要的一步。

　　人们可能会认为这些微小液滴是通过普通的物理化学过程形成的，但是它们已经拥有增长的能力，这是无机世界和有机世界之间"缺失的环节"。从这个阶段开始，有机物质的演化过程不再均匀分布于海洋中，每个聚析液液滴都必然拥有自己的生命。这种从先前或多或少的连续溶液中分离出的液滴所产生的生命个体，必定经历了"为生存而斗争"以及达尔文所描述的"适者生存"的过程。

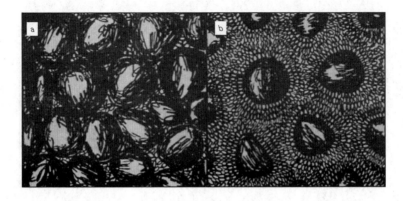

图 58

a. 无机物质胶体的凝结，颗粒聚集在一起，形成固体物质；b. 有机物质胶体的凝结，颗粒被水膜隔开，形成胶状物。

那些聚析液液滴的化学结构能够使其很好地适应现有条件，并吸收溶解在周围水中的各种化学物质。也就是说，他们通过从其他"较弱"的液滴中获取养分，得到了更好的生长机会。虽然这种竞争过程已经具有生命的基本特征，但仍然相当原始，很容易被误认为是纯粹的无机过程，例如一些雾滴也可以通过吸收较小的雾滴成为较大的雾滴。

随着时间的推移，那些已经具备更好的养料吸收方法的聚析液液滴通过"自然选择"的过程，逐渐拉开了新形成的生物体与普通无机物之间的差距。适者生存，这话没错，但是那些生长最快的液滴生物也不可能无限生长下去，因为它们的表面积与体积的比例变得越来越小。①

----

① 随着线性尺寸的增加，表面积以半径的平方增加，而体积以半径的立方增加。

由于所有原始生命体都通过表皮吸收养分，所以，对于通过特定的"皮肤"区域进食的"肉体"来说，体积的增大对本身已超级大的液滴来说是不利的，这必然会导致它们分裂成两个相等的部分——这是一个相当高级的过程，也就是我们如今称之为复杂的细胞分裂的过程。分裂之后的两个子生物体具有相对更大的活动表面，也继承了原液滴的良好体质，会继续以同样的方式分裂下去。

创造生命的过程如今还在继续吗？

在继续讨论有机进化之前，我们先来想一想，在地球漫长的历史进程中，上文描述的"生命创造"过程是否只发生了一次？我们又是否可以假设这种生命创造过程目前仍在继续呢？当然，现在没有人像100年前那样相信"苍蝇是从腐肉中自发产生的""老鼠诞生于泥土和垃圾""真菌是从受潮的墙壁中自发产生的"。

此外，巴斯德（Pasteur）及其门徒所做的那个闻名遐迩的实验也证明，即使是最原始形态的微生物，也不可能在密封容器中自行出现。为了消灭其中的细菌，这些容器事先都被仔细煮过。但是上面描述的"生命创造"过程非常缓慢，没有人能确定，将一瓶经过巴氏杀菌的牛奶密封几百万年后再打开会发生什么！另一方面，由于生命产生所必需的条件与其进一步发展所需的条件大致相同，所以很难找到任何先验的理由来解释"为什么从无机物到原始生物体的缓慢转变在今天不能继续下去"。

不过，可以肯定的是，由于被用于构成现有的动植物，最初溶解在海洋中的原始有机物的总量现在已大大减少。毫无疑问，今天的海水中仍然含有大量有机物（很大程度上来源于生物体的腐烂），而我们难以理解的是，为什么这些物质无法构成新的生命？

有人可能会说，即使现在"生命创造"的过程仍在继续，新形成的原始生物体也肯定会被高等动物吃掉，从而没有机会形成新物种。然而，如果这种观点大体上是正确的，那么今天的海洋中将没有任何简单的生命形式，因为所有较小的生物体都会被鱼吃掉。依照这样的逻辑，我们可以推测出地球上应该没有草，因为它会被奶牛吃掉；奶牛也不会有，因为它们会被人吃掉……这无疑是非常荒谬的。

似乎支持这一理论的最有力的论据，是所有生物之间的基本相似性。生命体的谱系树，可以追溯到地球上第一次出现生命之时。例如，我们可以肯定，像叶绿素[①]这样的复杂物质存在于所有植物中，不可能是在几个不相关的进化过程中产生的，因此，植物王国的所有成员都必须是某个"第一植物"的直系后代。

然而，由于我们对进化规律知之甚少，所以无法确定我们观

---

① 叶绿素是一种复杂的有机物，它使植物呈现绿色，通过分解大气中的二氧化碳从空气中提取食物，并利用碳来生成复杂的有机物质。

察到的生物之间的相似性中，有多少是直接遗传的，又有多少是自然强加给所有生命的（基于发展的普遍规律）。

似乎没有确凿的证据证明，地球上现存的所有生物，都是生活在距今约几十亿年之前的某些"细菌亚当"的直系后裔。现存的某些简单动植物的远古祖先，或许是离我们较近的中生代甚至是新生代存在的一些朴实无华的分子，这也并非不可能。毫无疑问，大多数高等生物一定经历了漫长的中间形式，并且它们的谱系可以追溯到更远的过去。

原始"生命构造"的过程是否仍在进行？对此，人们仍然争论不休，但都属于理论层面的争论。那么，我们可能会问，是否可以通过观察生物世界获得一些直接证据？是否有机会找到有机物质与无机物质之间"缺失的环节"？当然，这都很难回答，因为即使是现在，海水中仍在不断形成这种过渡阶段具有代表性的个体，但由于它们的体积极小、数目相对较少[1]，很容易逃脱探测。

值得一提的是，通过对从海洋深处获得的软泥进行研究，我们发现一些有机物以果冻状沉积物的形式存在。在这种情况下，我们完全有可能亲眼看到有机物"准备活起来"这一现象。一些研究人员还认为，最近发现的"亚细菌"或"病毒"，小到无法用显微镜对其结构进行微观研究，可它们也许正是连接有机物和无机物中间阶段的原始生物。

---

[1] 这些有机进化早期产物的相对稀缺性，与新生儿相对于其他人口的稀缺性产生的原因应该是一样的。

有机进化的第一步

因为最早的生命形式仅限于微型软体生物，所以任何有关首次出现的生命物种的证据都不大可能会在"沉积物之书"早期的断章残篇中出现，但间接证据却很丰富。正如本书前文所讨论的，在地球上各处所发现的厚厚的大理石层，就是普通石灰岩变质沉积产生的，这些石灰岩可能形成于约 10 亿年前。毋庸置疑，距离当前历史年代较近的石灰岩的沉积物主要是简单的微生物作用的结果。因此，在某种程度上，我们可以确定，早在远古时期，这种简单的有机生命形式就存在了。

在地球历史的早期阶段形成的沉积物中，我们还发现了一定量的以薄石墨层形式存在的碳。虽然碳的出现也可以归因于火山活动，但是就其在岩石中的分布情况来看，更有可能源自有机物的腐烂——当沉积物被推入地球更深处时，又变质为花岗岩，承受着高压和高温。所有这些都表明，在 10 多亿年前，地球上就出现了最简单的生命形式。人们之所以没发现如同我们在后期沉积物中发现的"真正的"化石，是因为那时生物体还未形成较硬的骨骼，而只有较硬的骨骼才可以在有关地球历史的书中留下浓墨重彩的一笔。

如果通过某种神奇的设备，我们能够穿越时空，回到 10 亿年前，那么展现在我们面前的会是一片死气沉沉的景象：刚刚形成的海洋中的海水是温暖的，原始大陆的斜坡上岩石林立。只有经过仔细观察，我们才能发现地表已经有生命存在了，许多不同种类的微生物在争取生存的斗争中忙忙碌碌。

在地球演化的早期阶段，地面相当温暖，现如今海洋中的大部分水那时仍然储存在大气层中，形成了一层厚厚的云，因此阳光无法直射到地表。只有那些完全不需要阳光就能生存和生长的微生物，才能在如此潮湿黑暗的环境中生存。一些原始生物正在汲取营养物质——溶解于海水中的有机物，而其他原始生物则习惯于纯无机食物。第二类"食用矿物质"的生物体现在仍可以在所谓的"硫铁细菌"中找到，它们通过硫和铁的无机化合物的氧化获得生命能量。① 这种细菌的活动在地表演化中起着非常重要的作用；特别是铁细菌，可能是形成沼铁矿厚厚的矿床的必要因素，而沼铁矿则是世界上铁的最主要来源。

但随着时间的推移，地球表面变得越来越凉爽，越来越多的水积聚在海洋中，遮蔽太阳的厚厚的云层也逐渐变得稀薄。此时，大量阳光照射到地表，原始微生物正在慢慢地"制造"出一种非常有用的物质——叶绿素，以分解空气中的二氧化碳，并借此来获得碳，从而获取生长所需的有机物。这种"以空气为食"的可能性为有机生命的发展开辟了新的方向，按照互利共生原

---

① 当然，这种细菌的存在离不开空气中的氧气。

则①，最终形成了高度发达、种类繁复的植物王国。

不过，有一些原始生物选择了另一种发育方式。尽管空气为每种原始生物都提供了足够的食物，但有些原始生物并不直接从空气中获取食物，而是以"即用型"的方式，获得由更高级的植物供给的碳化物。由于这种寄生的进食方式要简单得多，使得这些生物体有剩余能量发展移动能力，这对于获取食物来说至关重要。

生物的寄生分支不再仅仅满足于纯粹的素食，它们开始互相残杀，彼此蚕食。这种追捕猎物或逃避追捕的活动不断演变，大大提高了生物的奔跑能力。而这种快速奔跑的能力显然是如今动物界的一大特征。

最原始的运动装置，运用了简单的火箭原理，是由志留纪早期的头足类动物（"头腿"动物）发明的，并由乌贼保留至今。这些动物的纺锤状形体，被封闭在被称为外套膜的体壁的肌肉褶皱中；不过，其外膜里仍然有一些空间，用以储水。当它们的外套膜松弛时，水会流入其体壁内；而当其体壁内的肌肉快速收缩时，水会以强大的流体形式喷出，将其向后推动。然而，火箭原理式的进化并不成功，大多数生物体发展出另外一种推进方式，即通过细长身体的横向起伏来推动自己。这种移动方式在海洋及陆地水域生物的早期进化过程中，就已经相当完善了，只有像

---

① 指两种生物生活在一起，彼此有利，两者分开以后双方的生活都会受到很大影响，甚至因不能生活而死亡。

乌贼这样保守的动物还坚持着旧的进化原则。然而，值得一提的是，即使是今天的乌贼也有两个水平鳍片平衡身体，并以波浪状的波动协助其缓慢向前游动。

我们需要清楚的是，身体柔软且容易变形的动物在水中几乎不可能快速运动。因为在水中快速运动需要相当坚硬的流线型体形，只有通过坚硬的"移动部位"，肌肉运动的力量才可以更好地转移到水中。生物体身体坚硬部位发育的另一个原因是，每种生物都必须保护自己免遭另一种"食肉动物"的攻击，同时还要攻击其他动物。这些"原因"加上生存的压力和动物间适者生存的斗争，最终导致动物世界中的柔软果冻状形态的动物向带有利爪的重装甲形态进化，譬如如今的螃蟹和龙虾。

事实证明，动物坚硬部位的发展不仅对动物自身有很大帮助，对于现代古生物学家也有重大意义——他们在"沉积物之书"中寻找着这些坚硬的遗骸。关于过去软体动物的蛛丝马迹，或许只能在某种机缘巧合下我们才能收集到，前提是这些动物碰巧在软沙上留下了印记，又碰巧保存到了现在（见书后插图 11）。至于那些具有硬壳和骨架的动物，我们可以研究其化石，这就仿佛是在研究如今仍然存在的动物一般。确切地说，地球和地球上生命的整个历史时期始于动物开始形成坚硬的部位或身体之时。如今，博物馆里到处都是贝壳和骨架，我们可以凭此遥想那些远古时代的生命形态（见书后插图 14）。

我们发现，在约 5 亿年前的古生代初期，海洋生物已经进化到相对较高的水平。若是沿着当时的沙质海滩散步，我们能够看到海浪掀起的一束束绿色海藻，也能够像今天的很多人一样，收集到无数美丽的海贝。如果我们看到一些长相奇怪的动物爬过潮湿的沙滩，或许并不会感到惊讶，它们让我们隐隐地想到今天的鲎。这些被称为"三叶虫"的动物就是我们这个古老星球上遥远的过去最高级的生命形态之一。它们可能是由软体分节的蠕虫通过皮肤硬化，且将不同部分融合到头部及身体中演化而来的。

第一代三叶虫相当小，比大头针的针头大不了多少，身体形态非常原始，没有眼睛，头脑结构也相当简单。但它们进化非常快，我们在奥陶纪和志留纪的沉积物中可以找到 1 000 多种它们的化石。在三叶虫发展的巅峰时期，它们的长度超过 30 厘米，身体怪异，横纹遍布。随后，三叶虫数量锐减，在二叠纪晚期的沉积物中，我们仅能发现少数几种这样有趣的动物。

对三叶虫生命的最后一击，显然是地表发生的剧烈变化。正如我们所知，这一变化发生在二叠纪末期。那时，地面在升高，海洋在后退，内陆水域在消失。这一切对于这些已经统治地球 2 亿多年的动物来说太难以适应了。到阿巴拉契亚运动的鼎盛时期，三叶虫种族已经彻底灭绝了。然而，原始三叶虫种群的一些分支想必在地球剧变中挺了过来，并且随着自身对周围环境适应能力的提高得以繁衍至今。这个古老分支的最新代表便是经常出现在我们餐桌上的虾、蟹、龙虾等。

虽然三叶虫种族全是海洋生物，但是它们的近亲板足鲎迁移到了河流和内陆湖中，并且养成了在淡水中生活的习性。事实上，我们在寒武纪晚期的海洋沉积物中就发现了早期的板足鲎——一种只有约 10 厘米长的微小生物。而在 1 亿年后形成的大陆水域的沉积物中，我们则可以找到这个种族众多进化得更加高级的变种的化石遗骸（长达 3 米）。

与在海洋中生活相比，在河流和湖泊的淡水中生活并不容易，而且充满了未知。大陆盆地中储存的水因无法得到持续供给而慢慢干涸的情况时有发生。尽管生活在这些盆地中的大多数动物必然走向死亡，但也会有一些意外发生。有些生物会适应新环境，继续在干旱的大地上生活。这些板足鲎种族的后代，在不利的地球环境中被迫离开水面，遍布地球陆地之上，并演变成蜈蚣、千足虫、蝎子、蜘蛛等。再后来，它们中的一些向空中飞去，演变成大群可以飞行的昆虫。

将视线重新聚焦到古生代早期的海洋上，我们会发现另一种完全不同的进化路线。一群蠕虫没有在外面生长出坚硬的外壳包裹它们柔软的身体，而是沿着整个身体长出一条坚硬的内部躯干。这显然是现今鱼类和高等脊椎动物的脊椎原型。在普通蠕虫向鱼类进化的过渡阶段，最为典型的物种是"文昌鱼"。它或许是原始鱼类的直接后裔，并一直存活到现在。然而，这些外表像蠕虫的动物与普通蠕虫的不同之处在于，它们有一根贯穿全身的软骨棒和支撑身体侧壁的微小"鳃棒"。人们认为，正是这种原始骨骼的进一步发展，最终形成了脊椎和肋骨，这就把所有的脊椎动物和更原始的动物区分开了。有趣的是，处于二者演变中间阶段的鲨鱼，早在志留纪时期就已存在，是有史以来第一种"真正的"鱼类，其体内的连续脊椎仅有部分被软骨环取代；而只有较晚期的鱼类和其他高等脊椎动物的脊椎骨才会被完全替代。

鱼类离开水来到陆地，以及后来进化为两栖动物和爬行动物，显然与原始的无脊椎动物向脊椎动物进化有着相似的原因。可能这两种进化的路径是一脉相承的。鱼类离开水域必定发生在古生代后期刚开始的某段时间，因为我们能够在上泥盆纪和下石炭纪的沉积物中找到一些印迹，这些印迹被认定为是原始两栖动物的足迹。这些两栖动物的化石骨骼大量保存在上石炭纪和二叠纪的沉积物中，表明它们属于现已灭绝的重型装甲动物群体。这些重型装甲动物头骨坚硬，因此获得了"坚头类"的美称（即有着坚硬头骨的动物）。

这些动物有的只有约 10 厘米长，而有的——生活在石炭纪后期的——长度超过 6 米。值得注意的是，有一些坚头类动物额头中央有第三只眼睛。在今天的两栖动物和一些高等脊椎动物中，我们也可以发现这种情况。[1]

由于阿巴拉契亚运动初期气候日益寒冷干燥，虽说有一些动物扛过来了，延续到三叠纪时期，但就像其他种类的动物一样，这种古代两栖动物王国的繁盛局面还是中断了。目前，能够代表两栖动物的物种相对较少，它们都是些很不起眼的小体型动物，比如青蛙、蟾蜍、蝾螈等。有些两栖动物已经不再完全依赖水，它们迁移到干旱的陆地上，形成了一个大型的爬行动物王国。它们注定要征服陆地，并在接下来的 1 亿年中主宰着地球。

---

[1] 我们可以从这些动物头部前方的所谓松果体中发现其"第三只眼"的痕迹。

　　早期的爬行动物非常懒惰，有许多身体较长，类似于今天的鳄鱼。还有一些爬行动物体型奇特，背部有高大的骨鳍，也许可以保护它们免遭意外袭击（见书后插图16）。所有这些原始的爬行动物，就如今天的爬行动物一样，身体两侧长了脚，爬行速度相当缓慢。直到中生代开始时，它们的爬行姿势才演化成更适合跑步的直立姿势。这种行走姿势的变化，可能是它们能够征服陆地，并且在整个地球的漫长历史中维持主宰地位的主要原因之一。

　　在动物离开海洋来到陆地的同时，甚至可能更早一些，植物世界也在进行着类似的进化。一些陆生植物是由沿着潮汐区内的海岸线生长的海藻进化而来的，它们逐渐适应了海水的周期性衰退；另外一些陆生植物则是由淡水植被进化而来的，由于内陆盆地日渐干燥，它们不得不改变原先在淡水中的生活方式。

　　最早出现在陆地表面的植被，与以前在水中生长的原始植被非常相似。它们主要生长于造山运动时期遍布各处的浅水地区及沼泽地。在遥远的过去，原始森林肯定呈现出一种阴沉而又奇妙的景象，到处都是蕨类植物、马尾草类植物以及石松类植物（见书后插图15）。这些都是原始的孢子植物，既不开花也不结果。它们要进化为我们现如今所熟悉的模样，还需要经过数亿年的时间。

　　当时的植被主要分布在广阔的沼泽地，当参天巨树倒下时，树干往往被水淹没，并且在无氧环境中腐烂，从而产生了丰富的煤层。在古生代晚期的中间阶段，这一煤炭形成过程在地球上大规模进行，于是地质学家们将这一时期称为石炭纪。

爬行动物盛行的中生代时期

地球历史上中生代的特点是，陆地动物不断进化繁衍，蓬勃发展，小型爬行动物逐渐演变为令我们浮想联翩的被称为恐龙的巨型动物。与其他生物一样，恐龙这一种族在三叠纪早期就已经存在。当时，它们的体型较小，身体总长度不足 5 米。在三叠纪后期，恐龙进入全盛时代。早期的恐龙体型相当纤细，后腿肌肉发达，尾巴强劲有力，这有助于恐龙在奔跑时保持身体平衡。恐龙除了没有皮毛和拥有典型的爬行动物头部之外，"长相"与今天的澳大利亚袋鼠相似。

随后，三叠纪的这些原始恐龙进一步进化成不同种类的恐龙——身躯大小、生活习性迥然不同。恐龙家族中最让人心惊胆战的代表便是传说中的霸王龙。它是一种身高达 6 米的巨型食肉动物，若从其鼻尖量到尾端，霸王龙有近 14 米长（见书后插图 13A 和插图 18）。与白垩纪的这个"暴虐之王"相比，现在的百兽之王狮子，简直就像是人畜无害的小猫。

与远古时代的这个怪兽形成鲜明对比的，是另一种类似袋鼠的爬行动物。这类爬行动物归为似鸟龙属：身材矮小，有点像今天的鸵鸟。这些温顺的动物可能只吃蠕虫和小昆虫。它们没有牙齿，取而代之的是类似于鸟类的角质喙。

庞大的似鸟龙属恐龙依靠后腿和尾巴行走，在进食或战斗时会使用前爪。除了这些似鸟龙属恐龙，还有另一个大型恐龙分支。它们与现在的蜥蜴除了体型大小不同外，其他方面都非常相似。这个群体或许是二叠纪早期爬行动物（见书后插图 16）的直系后裔。与靠两条腿行走的亲戚们不同的是，它们没那么活跃。假如我们可以穿越到侏罗纪的森林，可能会遇到梁龙或梁龙的兄弟——雷龙。雷龙体重约 50 吨，从鼻尖到长尾末端长度达 30.48 米。我们也有可能会遇到一只巨大的剑龙。在剑龙的脊背上，我们能看到厚重的骨质板（见书后插图 17）。

当然，这里也不乏其他种类的有角爬行动物，例如巨型三角龙（见书后插图 18），或者早于其出现的较为温和的原角龙。机缘巧合，原角龙的蛋（见书后插图 13B）被保存了下来，令一直想探究真相的古生物学家们大为惊讶。

在我们考察强大的中生代巨型爬行动物王国时，有一个动物群体我们不能遗漏。出于某种原因，这一群体对陆地生活并不满意，于是返回海洋，之后像今天的海豹、鼠海豚和鲸鱼一样，逐渐适应新的环境。[1] 在中生代时期的水域中，到处都是各种擅长游泳的爬行动物，它们之间不断争夺食物。鱼龙和蛇颈龙是当时海洋爬行动物中最为典型的代表。鱼龙的外形类似今天的鱼；而看似相当笨拙的蛇颈龙，由于有着天鹅般的长脖子，在争抢鱼类食物时总是满载而归（见书后插图 19）。

---

[1] 读者们无疑明白后面的几个动物所属的动物种类，它们在进化的某个阶段从陆地回到了海洋。

翼龙无疑是这一伟大爬行动物王国中期最为奇特的代表，它们是空中主宰者。这些能够在空中飞翔的爬行动物，赤裸着身体，拥有皮革似的翅膀和满嘴锋利的牙齿（见书后插图20）。在白垩纪，当爬行动物王国发展至巅峰时，这些飞行恐龙的体型进化到了最大尺寸——我们已经发现了两个翅膀顶点之间的长度达7米多的翼龙标本。

中生代时期的飞行类恐龙代表了爬行类动物向当前的鸟类进化的过渡阶段。我们通过对出现在侏罗纪沉积物中的一些被称为始祖鸟的骨骼的研究（见书后插图10），可以很清楚地看出这一点。始祖鸟是这一过渡时期的代表，它们身上既有飞行类爬行动物的典型特征，也有普通鸟类的特点。这些半爬行半鸟类的动物，虽然有着代表爬行类动物特征的锋利牙齿、爪状翅膀和长长的圆锥形尾巴，可也长着鸟类那样的羽毛。在证明这些看似不同的动物群体之间的进化连续性方面，还有什么生物能比它们更适合呢？

在这一庞大的爬行动物王国，无论是在陆地、海洋，还是在空中，都生活着各种各样的恐龙。它们无疑是这个地球上有生命以来，最为强大、分布最为广泛的物种。但是令人费解的是，它们灭绝了。在中生代末期某段相对较短的时期内，暴龙、剑龙、鱼龙、蛇颈龙，以及所有其他恐龙，突然从地球上消失了，仿佛被一场巨大的风暴刮走一般。[1] 它们把地球空间交给了相对较小

---

[1] 目前，这一强大的王国只有少数幸存者，如鳄鱼、海龟等。

的哺乳动物。而为了得到这一机会，这些较小的哺乳动物已经等候1亿多年了。

地球上这些曾经最为强大的动物为何会突然灭绝？这至今仍然是一个谜。有人认为，主要原因是到新生代时期，陆地不断升高，地球的气候条件变得更为恶劣。但是，这些恐龙已经完全适应了干燥的陆地生活，因此洲际海洋及沼泽地的消失不大可能会对它们产生特别大的影响。

我们也清楚，许多物种——诸如翼龙——早在地球温度降低之前就已灭绝了。还有一种学说认为，哺乳动物数量的不断增加直接导致了恐龙的灭绝。当然，大家都知道，这种微小的原始哺乳动物，论体型，不会比普通的老鼠大，不可能以公开对决恐龙的方式将其灭绝；但极有可能是这些微小的哺乳动物在寻找食物时吃掉了恐龙蛋，从而大大降低了这些强大动物的出生率，给它们带来了毁灭性的灾难。然而，这一假设并不能解释所有情况。比如许多像鱼龙这样的大型恐龙，会直接生下充满活力的小鱼龙。这些小鱼龙体型庞大，足以保护自己。

关于恐龙王国的覆灭以及其他物种的灭绝，目前最有说服力的假设可能是——任何物种的灭绝，都是由于该物种出生率的自然降低引起的。事实上，由于有机进化的任何一个分支内的每一代新成员，都是由前几代的遗传细胞分裂产生的，人们可能会认为，该属所继承的遗传特性会越来越"稀薄"，而旧种群的细胞则逐渐"厌倦了分裂"。

当前，我们对于活细胞的特性及其分裂过程仍然知之甚少，也无从判断上述假设到底是对还是错。[1] 但是，根据先验经验，诸如"生命力耗尽"以及"整个动物或植物物种是因为它们自然衰老直至生命枯竭而灭绝"的提法不无可能。这种观点与复演学说相一致。复演学说认为，每个物种个体在其早期胚胎阶段就重复了其种族发展的所有阶段。[2] 如果物种个体的发育进程与整个种族的发育进程相似，那么反过来，我们假设整个种族迟早会以与其个体相同的方式灭绝，也是合乎逻辑的。

哺乳动物的时代

从生物学的角度来看，乳腺能够产生有营养的白色液体，即乳汁，是包括我们自己在内的一大群高等动物的最基本特征。因此，诸如"在'母亲的乳汁'的影响下，会养成某些习惯"的说法，有着非常深刻的意义。

不同哺乳动物特征不同、习惯各异。有些哺乳动物甚至会产卵，比如鸭嘴兽和食蚁兽。但是，所有哺乳动物都有一个共同特征，那就是为它们的幼崽提供优质新鲜的奶水。正是这一共性将

---

[1] 这几十年间生命科学已有较大发现，特别是基因检测技术的进步，基本弄清了活细胞的特性及其分裂过程。

[2] 该观点并不完全符合胚胎发育的实际，因此至20世纪初已被视作"生物学神话"。但该理论的核心思想在认知发展与音乐批评等领域亦有所贡献。

各类哺乳动物联系在一起，组成一个界限分明的群体。

哺乳动物的起源可以追溯到古生代晚期，当时一些小型爬行动物对于将自己的幼崽抚养长大特别上心，于是首先发育出产奶器官。但是，在中生代的黑暗时期，陆地、海洋和天空都处于巨型爬行动物的统治之下，这些生性温和、爱护幼崽的动物几乎没有进一步发育的机会。在侏罗纪时期的沉积物中，人们偶尔能发现这些古老的哺乳动物的残骸。它们往往比一只非常小的小狗还要小，而且它们的发现还往往与恐龙有关。对于恐龙来说，它们一定是美食。

然而，几乎在世界各地都能发现这类哺乳动物的遗骸（特别是非洲），这表明，这个新物种在争取生存的斗争中胜利了，并且有了进一步发育的无限可能。有趣的是，世界上唯一没有发现原始哺乳动物化石的地方是澳洲，而诸如鸭嘴兽、多刺的食蚁兽和袋鼠[1] 这样的原始哺乳动物，却只在澳洲才能看到。这或许意味着，哺乳动物在这片与世隔绝的大陆上出现得相对较晚，且它们在此地的发育方式与世界上其他地方的同族完全不同。这一情况也在一定程度上证明了如下假设：许多物种间存在的相似性，与其说是源自直系遗传，不如说是与相似环境中的通用进化法则有关（参见本章第一节）。

---

[1] 袋鼠虽然产的不是卵，但是它们生下的胎儿并没有发育完全，所以它们将幼崽放在腹部的皮肤袋中直到它们发育完全。因此，应该把袋鼠看作一种相当原始的哺乳动物。

至于不同大陆上发生的相对独立的进化路线，人们也可以根据不同地区的不同进化速度与可用土地之间的关系进行推测。由于物种的进化是通过"试验与试错"，尤其是通过试错的方式来实现的；[①] 人们应该能想到，这种进化的速度与所涉及的个体数量成正比。因此，在欧亚大陆和非洲大陆这样的广袤地区，进化的速度应该会更快些；而在美洲大陆则稍微慢一点；在澳洲这块与世隔绝的小块陆地上则更慢。

我们不应该对这些推测做进一步的遐想，因为目前很难证实这些推测对错与否。因此，还是让我们继续来描述哺乳动物的进化。如上所述，亿万年来，爬行动物统治着整个地球，这些小型哺乳动物只能在夹缝中求生存。但在新生代地质运动发生前夕，随着那些巨型爬行动物——恐龙——突然消失，这些小型哺乳动物出人意料地成了地球上的唯一统治者，并迅速进入全盛时代。

纵观整个动物世界的历史，始新世开启了动物世界的现代历史。这一时期，哺乳动物遍布地球，其中的许多动物，我们一眼就能看出是当前哪种动物的祖先。在这个原始世界，所有动物最大的特征便是体型极小，它们花了约 4 000 万年的时间才进化到现在的大小。

始新世时期的马和骆驼大约只有一只家猫那么大，身材细长的犀牛和现如今的猪相差无几，而大象的祖先呢? 其高度甚至不到人

---

① 在生物体内自发发生的所有变化中，很少有哪种变化能被证明在生存斗争中是有用的，从而在自然选择的过程中得以延续。

类的腰部。当然，那时人类还未出现，即便体型很小的原始人类也没有出现；但是，却出现了许多小猴子，它们可能会从树上往地上扔椰子，彼此逗乐。猛兽以所谓的肉齿目为代表，后来发展成两大动物分支：类狗（狗、狼、熊）和类猫（猫、老虎、狮子）。

随着时间的推移，一些早期的哺乳动物灭绝了，一些其他种类的哺乳动物逐渐发展壮大，体型也逐渐增长。到了大约 2 000 万年前的中新世时期，马已经有今天的设得兰矮种马那么高了；而犀牛也已经进化成一种令人闻风丧胆的猛兽，不再是用脚一踢就会让道的动物了。但当时最强大的动物肯定是巨型野猪，它们与牛一样高，头盖骨有 1.3 米长（见书后插图 21）。大象的祖先的体型越来越大，鼻子也越来越长——这种变化在其进化的早期阶段几乎无法察觉。除了美洲大陆，在欧洲大陆和南亚，人们偶尔会遇到相貌丑陋的类人猿，俗称森林古猿。它们与今天的大猩猩或许是远亲。

我们不要忘记，在更新世冰川作用刚开始时（见第八章），即使在北纬地区，地球的气候也要温和得多，食物也更加丰富。现在只能在热带地区看到的动物彼时遍布欧洲、北美和北亚地区。事实上，在那个时期的沉积物中发现的遗骸化石表明，大象、犀牛、河马、狮子、普通的已经灭绝的（长有剑齿的）老虎，以及许多现在只能在赤道地区的非洲看到的动物，当时就在今天的纽约、巴黎、莫斯科和北京的所在区域寻找食物。

当大面积的冰川首次从北部地区开始推进，缓慢覆盖欧洲和北美的大片区域时，该地区的动物和植物也缓慢向南方迁移。许多动物因各种原因导致无法南迁，只能随着天气的日益寒冷而灭绝；存活下来的动物则逐渐适应了新的气候，并进化出长而温暖的皮毛，以保护它们免遭极地冬天严寒的折磨。

在地球历史上的寒冷时期，要说最令人印象深刻的景象，可能就是一群体型巨大、全身覆盖着厚厚的褐色长毛、长着长牙的猛犸象穿过积雪覆盖的大陆（见书后插图 22）。虽然在几千年前这种毛茸茸的巨型动物就已经灭绝了，但在今天的西伯利亚苔原仍可以找到一些冰封的猛犸象尸体。俄罗斯科学院探险队的一名成员甚至冒险吃了一个用冷冻猛犸象的肉做的汉堡。不过幸好他当时随身携带了急救箱，才免遭严重的胃痛之苦。

既然我们是对地球上的生命进程进行全面介绍，那么眼下就到了谈我们人类自身的时候了。由于人类的发展只能算是地球历史长河中的一件小事，所以对此我们只简单带过。毋庸置疑的是，今天的"人"，或者在科学讨论中我们将自己称为智人（聪明的家伙），是在更新世冰川时代的某个时候从类人猿的原始种群进化而来的。可以想象，在某次冰川持续向南覆盖的过程中，一些类人猿种群并没有南迁以继续他们在热带森林中无忧无虑的生活；而是留在这片日渐寒冷的土地上，并被迫适应了这种新的更为严峻的生活条件。极为艰苦的生存环境，非常自然地促进了这些原始类人猿大脑的进化，帮助它们走上了贯穿整个人类社会发展过程的探索与发明之旅。

尽管原始人类在地球上出现的年代远比恐龙晚，但是留下的遗骸化石却非常少，而且也不完整。人们进行了大量的考古挖掘工作，试图找到原始人类的遗骸，但找到的少之又少，而且这些遗骸往往只是一些断骨或颌骨的碎片。如今，我们将这些具有代表性的远古人类的遗骸放在博物馆的陈列柜中。人种学家们想通过对这些遗骸的研究弄清楚他们彼此之间的关系，并推测出他们生活的年代，可是至今仍然一无所获。

我们通常用原始人类遗骸的发掘地来为他们命名，因此有了"爪哇人""北京人""皮尔丹人（英格兰）""海德堡人（德国）""尼安德特人（德国）""克罗马侬人（法国）"这样的称呼。最后一种显然已达到发展的高级阶段，并具有明显的艺术倾向（见图59）。直到最近才有证据表明美洲存在史前人类——"明尼苏达

图59　一位史前艺术家在法国贡巴来尔地区一处洞穴的墙壁上雕刻的猛犸象

女人"被发现。1931 年，人们在明尼苏达州鹈鹕急流城（Pelican Rapids）附近的深度超过 2.7 米的叠层冰湖黏土中，发现了一具女性骨骼。从周围沉积物的年代来看，这名女性似乎于 2.2 万年前溺死在湖中。

由于这些史前人类遗骸的稀缺性和确定他们的确切年龄的困难性，我们只能粗略地勾勒出人类这个种族的进化历程，而且为数不多的代表性样本似乎只代表今天的智人的某些分支，而非主体。在图 60 中，我们列出了更新世的时间划分和已知人类化石的可能年代顺序，从中我们可以看到原始人对形象的重现，它们的长相相当粗犷，之所以被称为人，是因为它们更像我们人类而不是类人猿。但那时的人类正在稳步前进，大脑容量和活跃程度都在不断增加。[①] 走在今天的海滩上，我们不仅能看到 10 亿年前就开始繁衍生息的海藻和贝壳，还能看到成群结队的现代人在冲浪嬉戏。

---

① 中新世时期类人猿的脑容量只有300立方厘米，上新世早期人类（爪哇人）的脑容量为985立方厘米，今天人类的脑容量在1 300~1 500立方厘米。

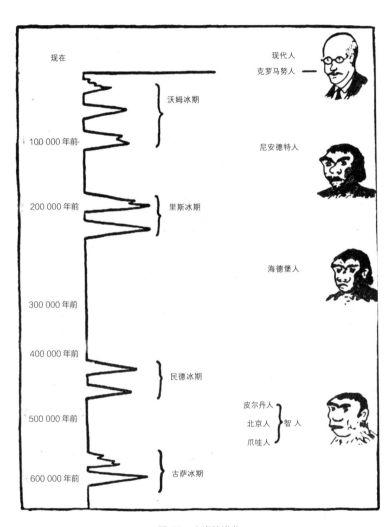

图 60．人类的进化

第十章

未　来

即将来临的造山灾难

　　详细研究地球诞生以来发生的变化，并了解导致这些变化的物理原因之后，我们完全可以用已经掌握的知识来预测地球的未来。本书已多次指出，我们现在正生活在地球历史上的一个造山运动期，在地球因冷却而累积的内应力的作用下，地壳在不断震颤和崩裂。

　　我们还提到，到目前为止，在此次运动中，已经发生了两次大规模的火山爆发和造山运动：一次发生在4 000万年前，形成了喜马拉雅山脉、落基山脉和安第斯山脉；另一次发生在2 000万年前，形成了阿尔卑斯山脉和喀斯喀特山脉。虽然这些巨大山脉的形成是这次造山运动的一项了不起的成就，但是依旧不能和以往任何一次造山运动相提并论。因此，这场造山运动很有可能还未没结束，在遥远的未来，人类将面临历史上前所未有的灾难。

　　但是，我们却无法预测下一次造山运动爆发的确切时间，甚至无法确定不会发生这种灾难的一个"安全期"。要弄清楚地壳未来的活动情况，我们需要了解整个地壳中不同物质的确切分布、地壳的压缩性和极限强度、现有应力的分布，甚至所有裂缝及其他薄弱点的位置。退一步说，即便地质学家们做了大量工作，能够给我们提供精准的信息，但仅计算这些数据，就需要数千年。

这灾难如悬头利剑，我们既无法预测灾难来临的具体日期，也无法尽可能多地描述灾难来临前的征兆。可以肯定的是，这些征兆包括强烈的地震、火山爆发和地面的常规运动，而我们却无法判断这些运动要剧烈到什么程度才不是地壳的常规活动，也无法判断常规活动要持续多久，造山运动才会真正爆发。但有一点我们可以肯定，那就是当地壳开始破裂时，地球将不再适合人类生活。在那些受造山运动直接影响的地区，地面将跳起死亡之舞，而后地动山摇，大量炽热的岩浆将从地壳的裂缝中喷薄而出，蔓延数十万平方千米。即使远离新山诞生之地，强烈的地震和极有可能掀起的海洋巨浪也会使那里的生活危机重重。

读者们，你们可能被这恐怖的景象吓坏了，我们唯一能给你们安慰的是，这次灾难不大可能会在我们的有生之年发生。整个造山运动时期会持续数千万年，因此，在未来十年或下个世纪爆发灾难的可能性微乎其微，远远低于人类可能遭受的其他可怖事件的概率。

下一个冰川时期

虽然我们无法给出未来地质灾难爆发的确切时间，但我们可以预测未来的气候，并确定极地冰川下一次向人类生存的大陆进军的日期。从第八章中我们了解到，大规模冰川运动的周期性似乎主要与纯粹的天文事件有关；冰川的不断推进与后退，与地球运行轨道及地轴的某些周期性变化相关。因为任何一位优秀的天文学家都能轻易计算出这些要素的预期变化，所以，即便是预测数十万年后的冰期，也不是什么难事。

在本书的第八章我们提到过，影响南北半球夏季平均气温的主要因素有 3 个：①地球轨道的伸长率；②地轴与轨道平面的倾角；③当地球经过其轨道上的远地点时，旋转轴的精确位置连同近日点的前进；这三点共同决定了是北半球还是南半球朝向太阳（即处于夏季）。我们还指出，当地球经过其轨道的远地点，其中一个半球转向太阳，并且地球轨道伸长率最大、自转轴的倾斜度处于最小值时，该半球的冰川期才会出现。

根据天体力学的计算方法，我们算出了过去 25 万年和今后 10 万年里地球运动的这三个要素的变化（见图 61）。最上面的曲线表示地球轨道的偏心率。如第八章所述，当偏心率较大时，两个半球的冰川运动必定极其猛烈。中间的曲线表示不同时期的地轴倾角与其当前值的偏差。倾角最小时，夏天最为凉爽，因此，该曲线达到最小值时，最有利于冰川形成。最下面的曲线告诉我们，当地球经过其轨道的远日点时，哪个半球朝向太阳（即处于夏季）：当曲线达到最大值时，南半球朝向太阳；反之，则北半球朝向太阳。

仔细研究这些曲线，我们会发现，在过去的 25 万年中，一共有 5 个时期（分成 2 组或 3 组）特别有利于冰川形成。同样，在第八章中所展示的北半球夏季气温组合曲线中，我们也展示了

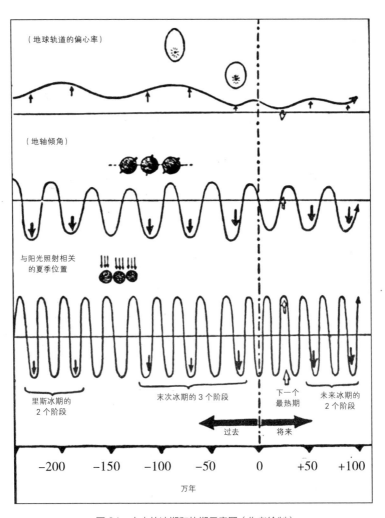

（地球轨道的偏心率）

（地轴倾角）

与阳光照射相关
的夏季位置

里斯冰期的
2 个阶段

末次冰期的 3 个阶段

下一个
最热期

未来冰期的
2 个阶段

过去　将来

−200　−150　−100　−50　　0　　+50　+100

万年

图 61　未来的冰期和热期示意图（作者绘制）

相同的 5 次冰川运动。此外，我们还能发现，约 2.5 万年前发生的最近一个冰期并不像前几个冰期那么剧烈，因为那时地球轨道的偏心率不是很大。这一结论恰好与地质资料的记载相吻合。①

展望未来，我们发现，在 5 万年后和 9 万年后，北半球发生冰川运动的条件将再次出现。可以预料到，那时，北美和欧洲的大部分地区将被厚厚的冰川覆盖；而且地球的轨道偏心率将会比上一次冰期时大，但会比前面 4 个冰期时小。因此，尽管这两次冰川运动会让波士顿、芝加哥和西雅图等城市处在覆盖整个加拿大的巨大冰川的边缘，却不会改变美国大部分地区的样貌。在欧洲，来自斯堪的纳维亚高地的冰雪会席卷奥斯陆、哥本哈根、斯德哥尔摩和圣彼得堡等城市，在到达伦敦、巴黎和柏林之前，可能会暂时停下来。

然而，必须指出的是，尽管我们可以预测未来的冰川运动，却无法确定现有的城市能否继续存在下去。虽然下一次冰川运动会在相当于古埃及文明诞生以来约 10 倍的时间内爆发，但是，当冰川运动真的开始从极地地区下移时，所有的城市都将成为历史，估计只有那时的考古学家对此才有兴趣吧。

通过对表示未来气候曲线的进一步观察我们还会发现，在下一次冰期来临之前，地球上的气候肯定会比现在暖和得多，而且在约 2 万年以后，气温将会达到顶峰。

---

① 事实上，在最后一个冰期，欧洲只有一些规模较小的大陆和孤立的岛屿，如不列颠群岛被冰川覆盖。

通过第九章我们了解到，在以前的间冰期，温度较高，热带森林一直向北延伸到加拿大边境，在欧洲则延伸至德国北部；因此，我们有充分的理由相信，同样的情况将在2万年后再次上演。当然，伴随着现在仅在非洲或南美洲赤道地区出现的各种动物向北迁移，未来热带植被的覆盖面积可能比以前间冰期时还要大。这是因为，正如我们从图61中所看到的，地球轨道的偏心率将会达到一个前所未有的低值。因此，我们可以预计，波士顿的气候，在5 000年后将与华盛顿哥伦比亚特区的气候类似，在1万年后将与新奥尔良的气候相似，在1.5万年后将与迈阿密的气候相似，在2万年后将与西印度群岛的气候相似，再往后，温度的变化将会逆转，到5万年后，波士顿周围的环境将与巴芬湾的皮草站相似。

新生代末期及以后各章

地球的未来篇章会和其过去的历史一样，呈现出一种单调的规律性。在最初的几千万年，现如今的山脉仍将屹立；随着地壳的崩裂，新的山脉会拔地而起，地表将与现在大致相同，周期性的、强度不定的冰川运动将与间冰期的温暖时刻交替来临。随后，现在的造山运动将慢慢停止，地表最后一座山也将在雨水的辛劳中化为乌有。大陆表面将变得平坦而单调，海水将覆盖大面积的陆地，形成一望无际的浅海。各地的气候都将变得温和，并且差异极小，人们从佛罗里达到加拿大旅行完全可以不增添衣物。

这些平坦的大陆仍将被哺乳动物主宰，但它们的体型可能会大大增加。如本书第九章所述，在地球历史上的某个时代，统治世界的所有动物种族的体型都在不断增长，直至最终灭绝。似乎并没有证据表明，目前地球上的哺乳动物的体型已经达到了可能的上限。大象的体型目前已经达到了最大值，无法继续长大，所以它们将停止进化并会从地球上消失（它们现在正在消失）。但是其他所有的动物，包括人类，似乎都有进一步长大的可能性。因此，我们脑海里可以很轻易地勾勒出一幅"8 000万年后古生物学博物馆"的画面，博物馆里身高3米到5米的游客正在参观拉奶车的马的骨骼化石，而在那些游客眼中，这匹马甚至还没有他们那个时代的狗大。

但即便有科学依据，我们也不能天马行空地想象。因为这样的话，我们就关上了讨论人类未来灭绝这个话题的大门。可人类极有可能会灭绝，例如仅仅因为细胞的退化，出生率就会急剧下降。

因为我们无法猜测哪一种动物会登上"地球主宰者"的宝座，所以我们可能得用一种怀疑和敌对的眼光看待所有那些正在我们脚下爬行的小动物们！

对于地球本身而言，我们也许期望地壳变得越来越厚，直至足以承受任何程度的压力。那时，地表周期性的崩裂将最终得到遏制，而且在最后的山脉被雨水冲走后，大陆的表面将永远保持平坦、光滑。只有分开的大陆地块及海洋盆地将保持原状，成为地球对其女儿诞生的永恒回忆。

月球的命运

本书伊始，我们就讨论过，太阳引力使原始地球上产生了巨大的潮汐隆起，而这种隆起又因为偶然的共振，超出潮汐结构强度的极限，最终导致月球诞生。从地球母体迅速分离之后，月球在不断后退的同时，也减缓了地球的自转速度。月球自诞生以来，与地球的距离从零增加到了现在的 38.5 万千米；而地球上一天的长度则从 4 小时增加到现在的 24 小时。

不变的是，地表海洋的潮汐每天依旧上升两次，月球一直在稳定地后退着，地球上的每一天都在缓慢地变长。采用先前介绍月球历史时采用的方法，我们发现，从现在起大约 200 亿或 300 亿年后，月球将离地球最远（是现在两者之间距离的 1.2 倍），彼时，一天相当于我们现在的 47 天。

鉴于太阳的影响仍然存在，虽然月球那时仍悬挂在地球某个半球的上空，但前述情景却不是地球母亲与其月球女儿之间的终极状态。更详细的分析结果表明，在太阳潮汐摩擦力的作用下，地球的自转速度会越来越慢，最终会慢到自转一周（一天）需要现在的一年时间，而月球则会缓慢地向地球靠拢。

然而，月球回归地球的过程将比其远离地球的过程慢上好几倍，因为在其回归时，作用于月球的太阳潮汐比现在推开月球的月球潮汐要小很多。也许要耗费 1 000 多亿年，月球才会靠近地球，并最终被强大的引力撕成碎片，最后在地球周围形成类似土星环的物质。我们需要时刻谨记，在预估以上时间时，我们都是假定地表海洋潮汐的作用会一直维持现状，不会发生改变。但在下一节中，我们将会了解到，这种假设很难成立。

对太阳未来演化的研究表明，在未来的 100 亿年里，地球行星系统的这个"中央加热装置"将发生翻天覆地的变化。可以预计，到那个时期末，太阳的温度会持续升高，在几乎完全使地球海水蒸发之后，又会迅速冷却，从而彻底冻结地球上残存的所有水域。因此，海洋潮汐似乎只会在未来的 100 亿年内起作用，且在 100 亿年内都始终无法将月球推送到距离地球最远的地方。当然，当海洋消失或完全冻结时，地球上依然有潮汐活动。但这样的潮汐会小很多，受到的摩擦也相应要小得多，因此，月球未来活动的"日程表"将至少被拉长 100 倍。

太阳的落幕

在我们研究地球的起源、进化和发展的过程中，我们已经了解到，地球的整个历史与其行星系统的中心体——太阳——密不可分。我们还了解到，在这段时间里，当地表发生翻天覆地的变化时，太阳自身几乎没变，尤其是它的辐射，变化率不足百分之几。然而这一切都必将结束，因为尽管太阳内部的能源非常丰富，但它迟早会冷却下来。太阳的能源问题一直是令科学界兴奋的问题之一，但也只是最近才逐渐得到解答。

如今，我们知道，太阳和其他恒星辐射出的能量，是由其炽热的内部一直处于稳定变化中的化学元素所产生的。负责在太阳内部产生热量的"炼金术燃料"正是大家熟悉的氢，"燃烧的产物"则是氦——最初在太阳大气中被发现。太阳中的氢转化为氦，同时释放出大量的亚原子能量。不过，这一过程需要一些催化剂，也就是碳原子和氮原子。

据估计，目前太阳体内氢的质量占比约为35%，从支撑太阳辐射所需的消耗量来看，这种"炼金术燃料"还能再供应大约100亿年。对太阳内部活动更详细的研究表明，"氢燃料"的稳定减少只会使剩余的物质更剧烈地"燃烧"，因此，与通常的预期相反，太阳的光芒只会越来越耀眼。当然，太阳活动逐渐剧烈的过程是极其缓慢的，据计算，在过去整个地质时期，它只让地表温度升高了几摄氏度而已。然而，在接下来的100亿年里，在其最终毁灭之前，太阳的亮度会逐渐增强，直至比现在亮100倍。那时，地表温度会上升至水的沸点，海水将会被蒸发；地球大气层的温度也会不断升高，以至于大部分的大气可能会逃逸到星际空间（与本书第四章的讨论做比较）。

地球上的生命将不复存在，所有的居民要么因酷暑而死亡，要么被迫移居到其他遥远的星球。当然，移居的前提是他们极为聪慧，已经解决了星际旅行的问题。

就像一个耗尽体力、接近终点线的运动员一样，太阳将在燃烧完最后一克"炼金术燃料"之后毁灭。一直以来，人们都认为，太阳演化的最后一程是它巨大的气态球体相对平静地收缩，同时辐射活动迅速减少。但是，笔者在写本书之前曾做过一些调查，发现即使是在"走到最后 1000 米"时，我们的太阳也会再次展示它的威力，爆发出灿烂的焰火。

事实上，对任意恒星走向毁灭的物理过程的分析都显示，到了一定阶段，其前期的稳定收缩最终都会演变成灾难性的崩裂。这种湮没式的崩裂与恒星内部在最后一瞬间释放的能量必定相关，而且彼时恒星的亮度要超出现在数千万倍甚至是 10 亿倍（就质量格外庞大的恒星而言）。但这最后的挣扎只会持续几天，因为在爆炸之后，恒星只会以更快的速度向它最终的状态——一个没有生命的黑暗天体——迈进。这种爆发就是新星或者超新星现象，它经常在天空中不同的恒星上出现。因此，同样的命运会降临到我们的太阳上也就不奇怪了。然而，由于当前的太阳依旧生机勃勃，还含有充足的"炼金术燃料"，所以，它的寿命还很长。

当太阳最终在约 100 亿年后崩裂之时，随辐射而来的高温不仅会融化地球，还会融化其他距离更远的行星。几年后，当"爆炸的硝烟"消散之后，我们将会发现，死亡的太阳会被其家族一系列迅速冷却的行星包围。不过很可惜，没有人能看到这幅令人悲伤的画面，因为即使在某些幸存的行星上生命能侥幸存活到爆炸的最后一刻，也终将被养育其数十亿年之久的太阳毁灭。

完结

纵观本书的各个章节，读者肯定对地球的演化有了相当全面的了解：

地球是由一颗路过的恒星从年轻的太阳上撕扯下来形成的。起初，地球是气态的，随后冷却为熔融状态，最后它将再次融化于濒危的太阳母体最后一次绝望的爆炸中。为了让读者有一个更清晰的了解，我们最后提供了一张年表（见图 62），概述了地球在过去和未来演化过程中的最重要的事件。通过这张年表，我们还可以发现，即便与地球这样小的宇宙物质相比，人类的历史也是微不足道的。

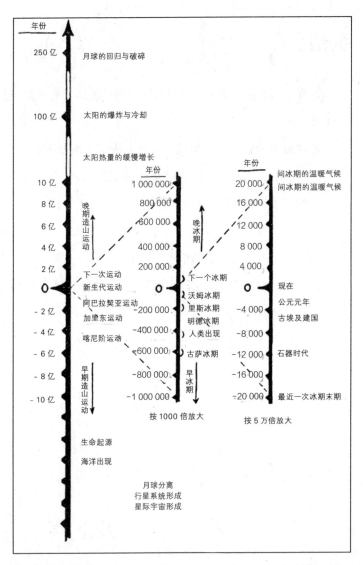

图 62　地球的过去和未来。为了呈现更多的细节，使用了两次连续的图式放大。

附录

插图

插图 1　大熊星座的螺旋星云，由数十亿颗独立的恒星组成。我们自己的恒星系统——银河系，如果从外部看，与之十分相似，而我们的太阳只是众多恒星中的 一颗。（威尔逊山天文台供图）

插图 2A　哈雷彗星
（摄于 1910 年 5 月 4 日）

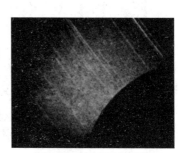

插图 2B　带有星迹的黄道光
（摄于 1928 年 3 月 17 日）

插图3　满月图，显示了一些较暗的区域（"月海"）和一些发散出"光线"的月球陨击坑。(耶基斯天文台供图)

插图4　展示月球陨击坑细节的月球表面照片（耶基斯天文台供图）

插图 5A　金星的位相。这颗行星之所以这么明亮，是由于覆盖其上的厚云层对可见光的反射能力极强。（耶基斯天文台供图）

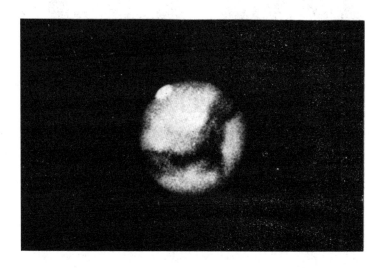

插图 5B　1909 年 9 月 28 日，火星最接近地球时的照片。顶部的白点是极冠；表面较亮的部分是沙漠，较暗的部分可能是覆盖着植被的洼地。（耶基斯天文台供图）

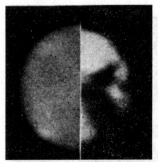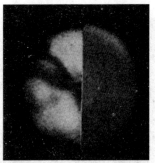

插图 6A　火星，每张照片一半是用紫外线拍摄的，另一半是用红外线拍摄的。由于紫外线很容易从大气中反射出来，因此较大的红外图像显示的是火星大气层的范围。（利克天文台供图）

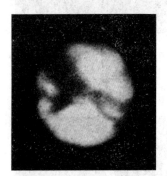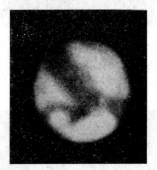

插图 6B　火星大气层中的一朵云，如左图中的小白点所示。右图拍摄于第二天，此时那朵云已经完全消失。（利克天文台供图）

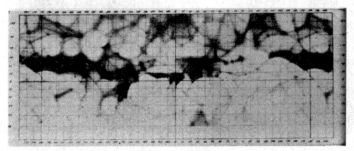

插图 6C　1924 年，由 R.J. 特朗普勒 (R. J. Trumpler) 通过目视观察绘制的火星运河地图。最近的观测表明，这些运河其实是一种视错觉。（利克天文台供图）

插图 7　木星，照片中显示了大气起源的水平云带。人们从未观测到过该行星的表面。（威尔逊山天文台供图）

插图 8　土星，照片中显示了与木星上相类似的大气云带。土星环由大量围绕土星旋转的小陨星组成，这些小陨星很可能是土星以前的某颗卫星的碎片。（威尔逊山天文台供图）

插图 9A　地表因强烈地震产生的深深的裂缝。（美国地质调查局供图）

插图 9B　岩石沉积层上的弯曲线条清楚地表明，这些山脉是由于地壳的水平压缩形成的。（美国地质调查局供图）

插图 10　阅读"沉积物之书",其中侏罗纪一章的某几页记录了第一种鸟类——始祖鸟的骨骼。人们是在德国巴伐利亚州索伦霍芬发现这种鸟类的骨骼化石的。左下角的素描图复原了这种生物的样貌。(美国国家博物馆供图)

插图 11　一块可追溯到寒武纪的砂岩。它表面的痕迹不是由史前汽车留下的，而是由在潮湿的沙地上爬行的大型蠕虫留下的。注意留意波浪留下的痕迹以做比较。（美国国家博物馆供图）

插图 12　泥盆纪沉积物中的三叶虫化石（美国国家博物馆供图）

插图 13A　巨型恐龙霸王龙的骨骼（约 3.6 米高），居住于白垩纪时期的北美大陆。（美国自然历史博物馆供图）

插图 13B　原角龙的蛋，保存于蒙古戈壁沙漠的沙子里。（美国自然历史博物馆供图）

插图 14　古生代早期的海岸，遍布着由海浪带来的海藻和贝壳。长长的管状物体为志留系直壳头足类动物；蜗牛状物体是圆壳头足类动物，可以看到三叶虫（右下角）在沙滩上快速移动。尽管海洋生物物种已经演化得很丰富了，但这块陆地上，实际上只有千足虫和蝎子，显得十分冷清。（作者：查尔斯·R.奈特，芝加哥自然历史博物馆供图）

插图 15　古生代中期的树林主要分布在沼泽地带，主要由巨大的马尾草、蕨类植物和石松组成。（作者：查尔斯·R.奈特，芝加哥自然历史博物馆供图）

插图 16　二叠纪早期的一些爬行动物形似今天的鳄鱼。另一些则有高高的骨质背鳍，可能是为了保护自己。它们的四肢位于身体两侧，爬行时，四肢伸展，速度十分缓慢。（作者：查尔斯·R.奈特，芝加哥自然历史博物馆供图）

插图 17　在侏罗纪的森林里很容易见到梁龙及其近亲雷龙（重约 50 吨，从鼻尖到尾巴末端长约 21.3 米），或者巨型剑龙（脊背上有厚厚的铠甲般的骨板）。（美国国家博物馆供图）

插图 18　白垩纪的恐怖“化身”——雷克斯暴龙，形似袋鼠的大型爬行动物。同一时期也出现了大量的有角类爬行动物，其中最大的是三角龙。（作者：查尔斯 · R. 奈特，芝加哥自然历史博物馆供图）

插图 19　在中生代水域中，各种海洋爬行动物比比皆是，最典型的是鱼龙，因外形似鱼而获此名，还有蛇颈龙，它的脖子像天鹅的脖子一样又细又长，适合捕鱼。（作者：查尔斯 · R. 奈特，芝加哥自然历史博物馆供图）

插图20 翼龙（左上）——中生代爬行动物宏伟王国的"空军"身体无毛，翅膀坚韧，牙齿锋利。在白垩纪时期，这些飞行怪物的队伍发展至巅峰，一些化石标本显示，它的翼展开达到7.6米。右下角的则是史前海龟。（作者：查尔斯·R.奈特，芝加哥自然历史博物馆供图）

插图21 古巨型野猪，可能是中新世时期最强大的动物，和公牛一样大，头骨有1.2米长。约200万年前，犀牛（左侧背景）是一种体型纤细的野兽，体型不会大过现在一条普通的狗。当时的马（中间背景）并不比今天的设得兰矮种马大，而史前骆驼的大小（左侧背景）则与今天的瞪羚相似。（作者：查尔斯·R.奈特，芝加哥自然历史博物馆供图）

插图22 冰川时期最令人印象深刻的景象之一：一群长着长长獠牙的猛犸象——全身覆盖着厚厚的棕色长毛——穿过厚厚的积雪，然后在亚洲、欧洲和北美等地的广大地区繁衍、壮大。（作者：查尔斯·R.奈特，芝加哥自然历史博物馆供图）